AF744481

RAÚL RIVAS GONZÁLEZ

Las sirenas de Colón

y otras historias prodigiosas de la Biología

GUADALMAZÁN

© Raúl Rivas González, 2021
© Talenbook, s.l., 2021

Primera edición: febrero de 2021

Reservados todos los derechos. «No está permitida la reproducción total o parcial de este libro, ni su tratamiento informático, ni la transmisión de ninguna forma o por cualquier medio, ya sea mecánico, electrónico, por fotocopia, por registro u otros métodos, sin el permiso previo y por escrito de los titulares del *copyright.*»

Cualquier forma de reproducción, distribución, comunicación pública o transformación de esta obra solo puede ser realizada con la autorización de sus titulares, salvo excepción prevista por la ley. Diríjase a CEDRO (Centro Español de Derechos Reprográficos, www.cedro.org) si necesita fotocopiar o escanear algún fragmento de esta obra.

Guadalmazán • Colección Divulgación Científica
Edición de Bibiana García Visos
Director editorial Antonio Cuesta
www.editorialguadalmazan.com
pedidos@almuzaralibros.com - info@almuzaralibros.com

Imprime: cpi black print
ISBN: 978-84-17547-37-0
Depósito Legal: CO-1369-2020
Hecho e impreso en España-*Made and printed in Spain*

A mis padres, por el amor recibido

Índice

Presentación

Hubo un tiempo en que el misterio bailaba en todas las plazas. Apretados unos a otros, agigantados por las sombras de la ciudad, los fantasmas, los unicornios, los hombres lobo y las sirenas vagaban de café en café fichando turno de oficio en la razón de hombres y de mujeres. La mayoría de las veces, la prudencia encubría a la ausencia de sentido común o, al menos, lo intentaba. Por fortuna, los avances científicos, cada vez más certeros, han arrojado agua jabonosa con la que enjuagar las concepciones viscosas y las reflexiones mugrientas. Aun así, lo más notable ha sido, y nunca he sabido bien el porqué, que siempre han existido personajes obcecados en acariciar quimeras y en deambular con todas sus fuerzas por la frontera aterciopelada de la demencia. Con el transcurso de los siglos, en medio del exilio general, de cuando en cuando y relampagueando en las mentes polvorientas residentes en la inopia, han solido aparecer signos imponderables, refugiados en diversas disciplinas, que han dispersado las maldiciones, los monstruos y los mensajes desconcertantes.

Sin duda, de las profundidades de tiempos arcanos hemos heredado enigmas rugosos que raspan el intelecto, manteniendo numerosas vacantes en el catálogo de las explicaciones. En este inventario, poco deshuesado, consta entre otros la construcción de Stonehenge, el monumento neolítico más famoso y misterioso del mundo. La ciencia, ante este ejemplo, entregó algo de optimismo en febrero del año 2019, con un estudio publicado en la revista *Antiquity*, que desveló nuevos datos sobre el críptico Stonehenge. Los geólogos y arqueólogos descubrieron hace tiempo que las icónicas piedras azules de Stonehenge provienen de las colinas de Preseli, en el oeste de Gales, a 230 km de distancia, pero algunas de las fuentes geológicas exactas han sido identificadas ahora. Dos de estas canteras, Carn Goedog y Craig Rhos-y-felin, han sido excavadas para revelar evidencia de extracción de megalitos alrededor del año 3000 a. C., el mismo período de la primera etapa constructiva de Stonehenge. Las investigaciones evidencian la extracción de los pilares de piedra y consideran cómo fueron transportados, incluyendo la posibilidad de que fueran erigidos en un monumento temporal cerca de las canteras, antes de completar su fantástico y desconocido viaje a Stonehenge.

Así es que, desde que los patos tienen plumas, los mitos y las leyendas resbalan por todas partes, empapando los resquicios del conocimiento hasta crear goteras incómodas que necesitan atención. Los ejemplos son variopintos y han sido desembalados, en tiempo y forma, cuando han sido requeridos. El extenso repertorio alista desde intangibles engendros surgidos de los mares encrespados a obras encañonadas por la excepcionalidad, como el *Cristo velado* de Giuseppe Sanmartino y las inusuales *Máquinas anatómicas* que permanecen guarecidas en la imponente capilla Sansevero de Nápoles.

En verdad, cuando la leyenda toma carrerilla, ornamentada con todo lo que es posible creer, cargada con descripciones agujereadas, perogrulladas y pizcas de realidad fragmentada, tiene el porvenir asegurado entre la ciudadanía. A partir de ahí, también apunto que la mayoría de los mitos tienen poco aguante y pliegan velas cuando huelen tormenta.

Desde luego, nadie lo asegura con estadísticas, pero los síntomas, a ojo de buen cubero, hacen pensar que los misterios nos tienen enamorados. Da igual si están resecos y requemados o si son esqueléticos y barbilampiños, allá donde huela a intriga, incrustamos las napias. Por supuesto, en este libro, el lector hallará enigmas, leyendas, mitos, follones, enredos, embrollos y un trago largo de guirigay, que han embriagado a los pueblos durante generaciones, pero también topará con historias de biología, de medicina, de microbiología, de zoología, de psiquiatría y de otras muchas áreas científicas, que han intervenido para pillar por los sobacos a los galimatías y decolorarlos hasta quedar diáfanos. Ciertamente, espero con ilusión, que la lectura sea grata y que motive a diseccionar los capítulos con avidez, aunque comprendo que, a estas alturas del relato, semejante aspiración es todavía un pequeño misterio sin resolver.

Fotografía del pintor austríaco Gustav Klimt (1862-1918), tomada por Anton Josef Trcka en 1914.

El vellocino de oro

En vida, Gustav Klimt tenía aspecto destartalado y espíritu libertino. Nació en 1862, con esa esperanza que portan los emigrantes involuntarios de poder sorber la vida limpia de grumos. Los Klimt padres, y los abuelos y los que antecedieron apellidos y parentesco, no tenían abolengo, ni solera y quizás tampoco tuvieron nunca el pinto necesario para arrastrar una pizca. La familia provenía de Bohemia y, como otras muchas de carácter humilde, buscó acomodo en el suburbio vienés de Baumgarten, donde el padre oficiaba como grabador de oro. En vísperas de que floreciera el mostacho de Gustav, la excelsa destreza artística del crío despuntó con brío, puede que mediado por el chute hormonal propio de la edad, que en la mayoría de las ocasiones no atiende a perfilar pericias sino más bien a desenvainar vello y a ahumar intelectos.

A buen seguro, los progenitores cavilaron al respecto, concluyendo que a poco bien que el muchacho manejara los pinceles, algo de calderilla atraería. Así, recién embarcado en la adolescencia, Gustav Klimt ingresó en la Escuela de Artes y Oficios de Viena. Allí, decorando escaleras y vestíbulos, maduró el genio y el talento para convertirse en un solícito pintor de interiores. En 1893 recibió el encargo ministerial para decorar con tres pinturas el techo del aula magna de la Universidad de Viena, pero hasta 1898, un año después de fundar el movimiento Secesión vienesa, no presentó los bocetos *Filosofía*, *Medicina* y *Jurisprudencia*, destinados a embellecer la picota desnuda del paraninfo académico. Los diseños fueron criticados, injuriados y apaleados por los sectores colegiales y políticos tradicionales, que los tacharon de pornográficos. Lo cierto es que Klimt fue un artista impetuoso y ecléctico que callejeó entre el simbolismo y el modernismo para producir un estilo pictórico refinado, innovador, complejo y colmado de sensualidad. Algunos incontinentes de talla XXL, libidinosos acicalados con chaqués bien oreados, disertaron y denostaron la pintura en público, por impúdica y lasciva.

Fotografía del compositor austríaco Gustav Mahler en 1907.

A pesar de ello, la obra *Filosofía* obtuvo un galardón de primer orden en la exposición universal de París. En Filosofía, Klimt dibujó cuerpos dolientes enredados flotando a la deriva en el cosmos frío, oscuro y pesado. Para algunos era demasiado. Demasiado erótica. Demasiado llamativa. Demasiado esotérica. Demasiado bella. El rector de la Universidad de Viena, Wilhelm von Neumann, con el respaldo provinciano de ochenta y siete profesores, repudió la pintura por inadecuada y fantasiosa, solicitando al ministerio el destierro extramuros de la obra. Entre la minoría académica que apoyó con garrotazos dialécticos el trabajo de Klimt constaba el anatomista Emil Zuckerkandl, conocido por realizar contribuciones importantes a la anatomía normal y patológica de la cavidad nasal. Zuckerkandl estaba casado con la escritora y periodista Berta Szeps, directora de un eminente salón literario vienés que solía frecuentar Klimt, además de otras personalidades famosas como el director teatral Max Reinhardt, el escritor Stefan Zweig, el escultor Auguste Rodin, el arquitecto Otto Wagner, el filósofo Egon Friedell, el novelista Hugo von Hofmannsthal, el dramaturgo Arthur Schnitzler o el compositor Gustav Mahler.

Mahler sudaba pentagramas, exhalaba claves de sol y pedía buena salud en la lista de deseos navideños. En el verano de 1907, fue diagnosticado de una cardiopatía por el doctor Blumenthal. El calor estival debió acartonar la salud familiar, porque en aquel mismo periodo las dos hijas de Mahler contrajeron escarlatina y difteria. Anna, la más pequeña, superó la enfermedad, pero la primogénita Marie murió el 12 de julio aquejada de fiebre escarlata. En el siglo XIX era habitual combatir la escarlatina con remedios profilácticos basados en la administración de belladona. Los alcaloides que contiene la belladona (*Atropa belladona*) inhiben la actividad de la acetilcolina en los receptores de muscarina, lo que produce efectos anticolinérgicos periféricos y centrales. Los pacientes expuestos pueden presentar síntomas relacionados con el sistema nervioso central (SNC), como ansiedad; excitación, a veces extrema; alucinaciones; midriasis; y fiebre. Además, los síntomas periféricos incluyen taquicardia, retención urinaria, boca seca, piel tibia y enrojecimiento. La ingestión severa de belladona puede producir convulsiones e inconsciencia. Los alcaloides de la *Atropa belladona* también están presentes en otras solanáceas mortales, como el beleño negro (*Hyoscyamus niger*), el estramonio (*Datura stramonium*) y la trompeta de los ángeles (*Brugmansia suaveolens*).

Cuando la tristeza forma remolinos en las vísceras tiende a engullir ilusiones y arrimar calamidades. Tras la muerte de Marie, la tragedia echó raíces en la familia y, al poco, brotó en forma de aborto, sufrido por Alma Schindler, esposa de Mahler. En suma, la supuesta aventura extramarital de Alma con el arquitecto Walter Gropius dejó, en referencia a la alegría familiar, las cáscaras de las cáscaras. A pesar de todo, las noticias podían ir a peor y la amenaza consumó pronóstico en la consulta del cardiólogo vienés Friedrich Kovacs. El médico confirmó el diagnóstico de Mahler, asegurando que los sonidos producidos por el corazón del compositor eran debidos, con probabilidad, a una estenosis de la válvula mitral. Esta patología evita que la válvula abra de manera correcta, bloqueando el flujo sanguíneo hacia el ventrículo izquierdo, situación que provoca cansancio y falta de aliento al realizar esfuerzos someros. El motivo principal causante de la estenosis mitral es una condenada infección microbiana por estreptococos, que originan una enfermedad inflamatoria denominada fiebre reumática. Kovacs obligó a Mahler a portar un podómetro para medir y limitar el esfuerzo. El aparato amortajaba el ánimo de Mahler, envolviéndolo en sentimientos de invalidez y apremiando el afloramiento de pensamientos mortuorios inminentes. Parece rocambolesco, pero el resultado del cóctel funesto que embriagó el temple de Mahler fue la concepción de la majestuosa novena sinfonía. La obra es sobrecogedora, y ofrece una melodía que cursa desenvuelta, primero vital y después desesperanzada, para danzar lúdica en ocasiones y agonizante a veces, con continuas referencias al descanso y a la vida eterna. En 1973, el compositor estadounidense Leonard Bernstein, célebre autor de la música de *West Side Story*, afirmó que la apertura de la novena sinfonía de Mahler es la imitación de un latido cardiaco arrítmico, aunque esta interpretación no es del todo correcta. En realidad, Mahler reflejó el murmullo que emitía su corazón acuciado por la intransigente estenosis mitral que padecía. Para ello orquestó la sinfonía utilizando violonchelos y trompas seguidas de las cuerdas, que imitaban el sonido agitado de la válvula dañada, y terminó la composición con la comparecencia de la tuba y el trombón, emulando la recreación contundente de una secuencia de latidos.

Después de 1907, la música de Mahler no regresó jamás a recorrer temas triunfales, sino que exploró pasajes de resignación y muerte, anticipando el declive en la salud del compositor. En 1910, ya con la vitalidad y el espíritu descarrilados y resquebrajados, Mahler, aconsejado por Bruno Walter, solicitó cita al psicoanalista Sigmund Freud, quien tras varias cancelaciones acordó una sesión maratoniana el 26 de agosto de 1910, en la ciudad holandesa de Leiden. Es probable que la elección no fuera casual, ya que Leiden, en alemán, el idioma natal de Freud y Mahler, significa sufrimiento.

La terapia freudiana fue beneficiosa y Mahler retomó las habituales tareas como director. Por desgracia, poco más tarde, a principios de 1911, aquejado de fiebre y debilidad general, el compositor quedó confinado en cama durante semanas. Mahler sufría endocarditis bacteriana. Los hemocultivos confirmaron el diagnóstico de endocarditis causada por la bacteria *Streptococcus viridans.* En general, las personas con mayor riesgo de sufrir una infección del endocardio son las que presentan daños en las válvulas cardiacas, las provistas de válvulas cardiacas artificiales o las que padecen algún tipo de defecto cardiaco, como ocurría en el caso de Mahler. Desahuciado, viajó a París para visitar al prestigioso bacteriólogo francés André Chantemesse. Tras la consulta, la fina perspectiva que envolvía a Mahler crujió y crepitó hasta quedar consumida. Llegaba el final de la obra, la obertura hacía tiempo había caducado y el compositor enfilaba el cuarto y último movimiento. Por ello, decidió viajar en el abigarrado Orient Express desde París a Viena, para ingresar el 11 de mayo en el sanatorio de Löw. Allí desarro-

Pierre Curie y Marie Sklodowska-Curie en 1903. La infancia de Marie Curie estuvo marcada por la muerte de su hermana mayor, Zofia, por tifus y de su madre por tuberculosis. Estos trágicos y prematuros decesos motivaron que Marie abandonara el catolicismo y asiera el agnosticismo.

lló neumonía y entró en coma. Gustav Mahler murió el 18 de mayo atiborrado de morfina, cafeína y digital, y tras ser tratado con compresas de radio para paliar la hinchazón de piernas desencadenada por la afección cardiaca.

El radio parecía remedio curalotodo, pero era nocivo como la peste. Descubierto en 1898 por Marie y Pierre Curie a partir de pechblenda procedente de la región de Bohemia, el inquietante elemento radiactivo tiene capacidad, igual que algunas hadas, para emitir una tenue luz azulada. Hoy es considerado carcinogénico del grupo A. Sin embargo, al principio, los efectos cancerígenos eran desconocidos. Con ese panorama, las hipnóticas y novedosas propiedades lumínicas del radio ocultaron sus posibles pegas y deslumbraron al auditorio, que bendijo sin concesiones a la nueva sustancia. El radio fue incluido en la composición de flamantes pinturas luminiscentes, aplicadas con profusión a principios del siglo XX en los Estados Unidos de América y en Europa. Es posible que la pintura radioluminiscente más populachera fuera el Undark, que mezclaba radio y sulfuro de zinc, y era producida por la United States Radium Corporation. Desde 1917, nadie receló por aplicar la pintura a raudales sobre esferas y diales de relojes destinados a los militares estadounidenses. Bienvenido míster radio. Las trabajadoras eran aconsejadas por los instructores para lamer los pinceles de pelo de camello pringados de Undark, manteniendo la punta bien fina y dispuesta a pintar con eficacia. Algunas operarias, coquetas y exploradoras, estaban encantadas de manejar un ingrediente tan chic, y pintaban sus labios, uñas e incluso dientes con el endiablado Undark. El radio, avieso y sibilino, envenenó en silencio a miles de empleadas de las fábricas de la United States Radium Corporation.

Muchas mujeres ingirieron cantidades alarmantes de radio, unos cuatro mil microgramos en seis meses. De repente, trabajadoras jóvenes y sanas, que habían trajinado con la pintura en la United States Radium Corporation, desarrollaron necrosis mandibulares; deformaciones faciales; y empezaron a perder dientes. El caso fue denunciado ante los tribunales por Grace Fryer, Edna Hussman, Albina Larice,

Publicidad de la pintura radioluminiscente Undark, anunciada en la revista *The American Magazine* en 1921.

Quinta McDonald, Katherine Schaub y otras mujeres. Todas ellas recibieron el apodo de las Chicas del radio. La primera audiencia tuvo lugar en enero de 1928, pero el decrépito estado de salud de algunas de las demandantes impidió que testificaran. El pleito conectó a la comunidad médica, los medios de comunicación, los organismos públicos y el poder legislativo, conduciendo al reconocimiento generalizado de los riesgos laborales y a la regulación dirigida a proteger la salud y la seguridad de los trabajadores en los Estados Unidos de América, estableciendo el precedente legal del derecho individual de un trabajador para demandar a un empleador por el desarrollo de una enfermedad profesional.

Desde luego, el novedoso radio alcanzó inusitada celebridad y admiración mundana. Las características que poseía eran excitantes, válidas en pinturas y para ser incluido en un amplio conjunto de productos variopintos, como suspensorios masculinos, pastas de dientes, cremas faciales, lociones, cigarros, sales de baño, supositorios e, incluso, artículos comestibles, como el chocolate. La locura por el radio conquistó cotas aberrantes, y pronto obtuvo concesiones en el campo sanitario, afirmando que ostentaba capacidades curativas para tratar la anemia, la arterioesclerosis, la artritis, la diabetes, la astenia, la epilepsia, las enfermedades cardiacas, la atrofia muscular, la hipertensión, la gastritis, la debilidad general, la histeria, el hipertiroidismo, los problemas renales, la neuralgia, la obesidad, la atrofia muscular, la disminución del deseo sexual, el reumatismo, la senilidad y un largo etcétera de etéreas promesas. En 1912, avispados e inconscientes empresarios de San Francisco patentaron, como dispositivo terapéutico, la jarra de agua Revigator, que permitía obtener agua radiada. Poco después, entre 1918 y 1928, la compañía Bailey Radium Laboratories, Inc., fundada por el embaucador William John Aloysius Bailey, comercializó Radithor, producto milonguero que mezclaba agua destilada con radio y que estaba destinado a curar la tos, la gripe y otras enfermedades comunes. Lamentablemente, el principal efecto de la ingestión de radio es el desarrollo de sarcoma en huesos y en tejidos blandos.

El mismo año en que el radio fue presentado en sociedad, Gustav Klimt realizó el cuadro *Palas Atenea,* basado en la diosa Atenea. La obra es de las primeras en las que el pintor otorga protagonismo al color dorado. En los años siguientes, Klimt comenzó a experimentar con pan de oro como recurso, incorporando finísimas láminas de oro batido a las pinturas, embelleciendo y divinizando una obra ya de por sí maravillosa. De inmediato, la crítica claudicó enalteciendo fervorosa y enfática la orfebrería practicada por Klimt. El éxito comercial también escoltó apasionado al pintor. Sin duda, la etapa dorada de Klimt está marcada por la creación de dos obras icónicas: el *Retrato de Adele Bloch-Bauer I,* terminado en 1907, y *El beso,* concluido en 1908.

Retrato de Adele Bloch-Bauer I (1904), de Gustav Klimt.

Adele Bauer nació en Viena el 9 de agosto de 1881, al abrigo paternal del banquero judío Moriz Bauer. Para desdicha de unos cuantos interesados, con apenas dieciocho años, cifra mágica que es agitada como un estandarte al ser alcanzada, Adele registró sensible baja en el padrón de solteras austriaco y contrajo matrimonio con el magnate Ferdinad Bloch. En agosto de 1903, Bloch recurrió a Klimt y encargó un retrato de Adele. El trabajo empezó después del verano y concluyó cuatro años más tarde, con la exhibición de la pintura en la primavera de 1907. Adele Bloch-Bauer llamó dos veces a la puerta de la eternidad porque también posó como modelo para la obra *Judith I* (1901), siendo la única mujer que el pintor retrató en más de una ocasión. El segundo retrato, titulado *Retrato de Adele Bloch-Bauer II*, fue finiquitado por Klimt en 1912, seis años antes de que el pintor falleciera durante la gran epidemia de gripe española. Como era de esperar, el guion no dio sobresaltos poco creíbles y Adele también murió, aunque varios años más tarde. Sucedió el 24 de enero de 1925, estando aquejada de meningitis. La meningitis es una afección inflamatoria de las membranas que rodean el cerebro y la médula espinal. En general está ocasionada por una infección de origen viral, bacteriano, parasitario o micótico. La meningitis bacteriana no es moco de pavo, y puede ser mortal en ausencia de tratamiento. Las condenadas bacterias que con mayor frecuencia causan meningitis aguda son las especies *Streptococcus pneumonie*, *Neisseria meningitidis* y *Haemophilus influenzae*. En enero de 2013, la Agencia Europea del Medicamento aprobó Bexsero, la primera vacuna contra el Meningococo B. Bexsero fue desarrollada mediante vacunología inversa por la compañía GlaxoSmithKline (GSK). Esta tecnología está basada en el análisis bioinformático exhaustivo del genoma bacteriano, para intentar descubrir potenciales antígenos que presenten alta probabilidad de convertirse en candidatos vacunales, lo cual permite acelerar el proceso de desarrollo exitoso de vacunas, ahorrando tiempo y dinero.

Varios años después de la muerte de Adele y tras el estallido de la Segunda Guerra Mundial, Austria quedó ocupada por el régimen nazi. Las huestes nacionalsocialistas confiscaron y expoliaron gran parte del patrimonio artístico público y privado del país, incluidos varios cuadros propiedad de Ferdinad Bloch que habían sido pintados por Gustav Klimt. Por supuesto, entre las obras se encontraba el *Retrato de Adele Bloch- Bauer I*, conocido como *La dama de oro*. Los alemanes saquearon a conciencia los tesoros culturales y financieros de Europa, no por gusto ni vocación, sino porque en parte eran necesarios para financiar la guerra. El grial más codiciado era el oro, que fue olisqueado y rapiñado con avidez a numerosos países como Austria, Holanda, Checoslovaquia o Bélgica, entre otros. Los alemanes acometieron actos terribles y usureros para obtener el metal dorado. El 23 de septiembre de 1940, Heinrich Himmler, el poderosísimo Reichsführer de las SS, ordenó a Hugo Johannes Blaschke una tarea deplorable, la organización de la recolección del oro dental de los prisioneros y de las personas asesinadas en los campos de exterminio. Blaschke, además de saqueador, fue el odontólogo jefe del servicio de Heinrich Himmler y el dentista personal de Adolf Hitler desde 1933 hasta abril de 1945.

La voracidad y el totalitarismo del nazismo eran descomunales. Cuando en 1935 el prisionero pacifista alemán Carl von Ossietzky recibió el Premio Nobel de la Paz por la descripción del rearme clandestino alemán, que había obviado los límites establecidos por el Tratado de Versalles, los dirigentes nazis encolerizaron. Encabezados por Hermann Göring incitaron a Carl a rechazar el galardón, bajo la amenaza de arrojarlo fuera de la comunidad alemana por desobediencia. Carl von Ossietzky no cedió. Hospitalizado por tuberculosis severa y custodiado por la policía secreta, Carl decidió aceptar el premio. El enjambre nazi, alborotado y molesto, impidió que Carl von Ossietzky viajara hasta Oslo para recibir el reconocimiento. Poco después, el gobierno alemán decretó prohibir que los alemanes aceptaran o conservaran cualquier Premio Nobel conseguido. En consecuencia, los físicos alemanes Max von Laue, galardonado en 1914 con el Premio Nobel de Física por varias aportaciones a la cristalografía de rayos x, y James Franck, distinguido en

1925 con el Premio Nobel de Física por el descubrimiento de las leyes que rigen el impacto de un electrón sobre un átomo, determinaron proteger sus medallas de oro de veintitrés quilates enviándolas al Instituto de Física Teórica de Niels Bohr, en la Universidad de Copenhague.

Por desgracia, Alemania invadió Dinamarca el 9 de abril de 1940, y Niels Bohr supo que si los nazis encontraban las medallas de los físicos alemanes, las confiscarían y habría consecuencias muy graves, ya que enviar oro fuera de Alemania era un delito considerable. Alentado por el químico húngaro George de Hevesy, ideó un plan para engañar a los alemanes. La primera propuesta de George de Hevesy fue enterrar las medallas, pero Bohr desestimó el proyecto. Era una concepción burda con viso de fracaso. Necesitaban algo más pintoresco, una artimaña sutil, impredecible e ingeniosa. La química acudió al rescate. Bohr y de Hevesy disolvieron el oro de las medallas en agua regia, una disolución muy corrosiva formada por ácido nítrico y ácido clorhídrico en proporción de una a tres partes en volumen. La reacción química disfrazó el oro de líquido anaranjado. Los científicos depositaron el fluido en un matraz de la misma raza que los residentes en las múltiples estanterías del instituto de Niels Bohr. El camuflaje era perfecto. Por supuesto, cuando los nazis llegaron al instituto, el anónimo frasco aurífero quedó ignorado y despreciado. Con el paso de los días, la situación pintaba cada vez peor y la ascendencia judía de George de Hevesy ayudaba más bien poco. La inseguridad en Copenhague era palpable, por lo que en 1943, de Hevesy huyó a Suecia, donde semanas más tarde recibió el Premio Nobel de Química. Al finalizar la guerra, de Hevesy regresó al Instituto de Física Teórica de Niels Bohr y encontró el oro enmascarado intacto, esperando paciente en su refugio de cristal. El químico precipitó el oro para devolverlo a la Real Academia de Ciencias de Suecia y a la Fundación Nobel, que acuñaron nuevas medallas con él. Las medallas refundidas y renacidas fueron entregadas de nuevo a Franck y a von Laue en 1952.

Todo el mundo parece estar de acuerdo en creer que la ambición por el oro ha sido desmedida. Desde el siglo XVIII, la fiebre del oro ha provocado migraciones masivas; explosiones comerciales; colonizaciones forzosas; y miles de avalanchas de mineros neófitos infectados de codicia, que desarrollaron afán desmedido por agujerear, cribar, tamizar y peinar territorios inhóspitos. Quizás los eventos más famosos sean los fenómenos sociales conocidos como la fiebre del oro de California y la fiebre del oro del Yukón. Sin embargo,

Buscador de oro cribando arena en el río Mokelumne (California, EE.UU.) en 1850.

no fueron acontecimientos aislados. De hecho, a mediados del siglo XIX, sobrevino en Australia la denominada fiebre del oro de Victoria, que estuvo marcada por un periodo de inmigración masiva vinculada al descubrimiento de grandes depósitos de oro. En diez años la población de Victoria pasó de apenas 77.000 habitantes a más de 500.000 soñadores. De facto, fue en la región australiana de Victoria, donde el 5 de febrero de 1869 dos buscadores ingleses llamados John Deason y Richard Oates hallaron la pepita de oro aluvial más grande de la que constan registros. La gigantesca pepita pesó 94,14 kilogramos y recibió el nombre de Welcome Stranger. Algunos años antes, el hallazgo de oro en los municipios de Beechworth, Ballarat y Bendigo había exacerbado la fiebre minera en Victoria. Aparejados a la fiebre afluyeron síntomas deplorables, como disturbios, matanzas y segregación. Es evidente que el oro revolucionó y modificó la sociedad, la política e incluso el paisaje de Victoria. En aquel tiempo, era habitual el uso motriz del agua en los procesos mineros extractivos, lo cual producía arenas de desecho, limos y gravas, que eran arrojados aguas abajo, provocando cambios en la morfología y la función de las corrientes y llanuras aluviales. Según esta circunstancia, varios estudios han estimado que tan solo en la pequeña cuenca del campo aurífero de Ovens, situado en Beechworth, al noreste de Victoria, los ansiosos mineros movilizaron hasta 7,3 millones de metros cúbicos de sedimento, es decir, material suficiente para colmar unas tres mil piscinas olímpicas.

La vehemencia que el oro provoca en el ser humano ha hecho inevitable el surgimiento de mitos y leyendas ligadas al ansiado metal. Los ejemplos son numerosos, y muchos resplandecen a lo largo del tiempo como las historias del *Rey Midas, El Dorado, el Alicanto* o la del *Vellocino de oro*, que en la mitología griega representaba el vellón del carnero alado Crisómalo. Esta última fábula acumula opiniones contradictorias. Algunos autores argumentan que la leyenda está basada en un viaje real, descrito en poemas clásicos como la *Odisea* de Homero o la *Medea* de Eurípides. En este sentido, el poeta griego Apolonio de Rodas, nacido en Alejandría en el año 295 a. C., escribió una magnífica epopeya titulada *Argonáuticas*, en la que narra el intrépido viaje naval de Jasón y los argonautas a bordo del Argo, con el que surcaron el mar de Mármara y el mar Negro, alcanzando el norte de la región de Cólquida (actual Georgia) para robar el vellocino de oro. En el poema, Apolonio de Rodas facilitó una descripción detallada del reino de Cólquida y de las tribus georgianas Khalibi, Tibarenni y Mosinici. En base a los textos y a las narraciones preservadas, los investigadores han intentado explicar el fenómeno del vellocino de oro desde diversas direcciones. Entre las más aceptadas están que el vellocino era símbolo de poder y riqueza de la región; que representaba una raza especial de ovejas; que personificaba el desarrollo de altas tecnologías en la Cólquida; o que representaba una particular técnica de extracción de oro.

Todo parece indicar que la región de la Cólquida era conocida desde la antigüedad por atesorar metales preciosos que impregnaban las gravas, arrastradas por los salvajes ríos de montaña. Es probable que este fuera el ávido motivo de la expedición de los argonautas. Los habitantes de Cólquida lavaban las gravas empolvadas de oro en ollas especiales perforadas, y las gravas más finas, junto con el polvo de oro, eran recogidos con cuidado sobre pieles de oveja tensadas. Este sistema especial de colado y recuperación del metal fue distorsionado hacia la fábula del vellocino de oro, que ensimismó los deseos de las regiones vecinas. Para comprobar la hipótesis del viaje, en 1984, el explorador británico Tim Severin, en compañía de veinte remeros voluntarios, inició una nueva odisea en busca del histórico vellocino de oro. Tim y los modernos argonautas timonearon durante 2.400 kilómetros. Partieron de Volos, en las costas griegas del mar Egeo, y atravesaron el estrecho de los Dardanelos, para después cruzar hasta el mar de Mármara. De allí recorrieron el estrecho del Bósforo y alcanzaron el mar Negro. Después de días navegando hacia el este, llegaron a la ciudad de Poti, en la desembocadura del río Rioni, una serpiente de agua de 327 kilómetros, originada en la cordillera del Cáucaso, que recorre agreste la región occidental de Georgia. El río era conocido por los antiguos griegos como Phasis, y en la Grecia antigua fue mencionado por primera vez por Hesíodo en la obra poética *Teogonía.* Más tarde, el poeta romano Virgilio, autor de la *Eneida* y figura elegida para guiar a Dante Alighieri a través del infierno y del purgatorio en *La Divina Comedia,* consideró que el delta del río Phasis era el límite más oriental de los mares navegables. El nombre científico del faisán común (*Phasianus colchicus*) proviene de Phasis y de Cólquida, ya que algunos autores han apuntado que era la zona de procedencia del ave y que desde allí fue introducida en Europa. En esta dirección, el naturista francés Georges Léopold Chrétien Frédéric Dagobert Cuvier, apodado barón de Cuvier, reseñó en la obra *Tableau élémentaire de l'histoire naturelle des animaux* (1797-1798), que el faisán común llegó a Europa traído por los argonautas desde la Cólquida. El barón de Cuvier falleció por cólera el 13 de mayo de 1832 en París, durante la epidemia que aquel año consumió a la capital francesa. El legado de Cuvier es excelso, ya que revolucionó la clasificación del reino animal; estableció la extinción de los animales como un hecho innegable; implantó los principios básicos de la estratigrafía; y fue el promotor de la anatomía comparada y de la paleontología.

Ilustración de una pareja de faisanes que muestra su dimorfismo sexual. Litografía de W. E. Hitchcock, ca. 1858.

Tim Severin demostró la posibilidad de que los antiguos marineros griegos provistos de naves ancestrales hubieran alcanzado las costas de la pretérita Cólquida. Además, buscando respuestas al misterio del vellocino de oro, el grupo del geólogo y profesor georgiano Avtandil Okrostsvaridze ha estudiado, durante más de treinta años, la parte occidental de la República de Georgia, enfocando los esfuerzos en las regiones de Abjasia, Samegrelo, Imereti, Svaneti, Racha, Guria y Adjara. Es decir, las posibles áreas donde los argonautas podrían haber aprendido las antiguas tecnologías mineras regionales para extraer el oro de zonas aluviales. El trabajo de los investigadores confirmó que Svaneti es una región única, en la que los lugareños todavía lavan oro utilizando recipientes modernos de madera o cazuelas con agujeros en el fondo, que están conectados con una piel de oveja recolectora de las finas partículas áureas. Svaneti es la región habitada más alta del Cáucaso, y de ella el geógrafo griego Estrabón dijo que guardaba mucho oro, que era extraído por los bárbaros utilizando vasos perforados y pieles de oveja. Por otra parte, el historiador romano Apiano de Alejandría, cuando escribió sobre las guerras mitridáticas, afirmó que muchos ríos llevaban arena de oro invisible procedente de las montañas caucásicas, y que los residentes colocaban gruesas pieles de oveja en el torrente para recoger el metal. Algunas fuentes históricas de los siglos XVIII y XIX apuntan que el oro era buscado y extraído de lugares aluviales en Svaneti. Por contra, hay investigadores que no apoyan esta teoría y defienden que la historia es un mito y que Cólquida no existió, basando esta opinión en la ausencia de restos de edificaciones correspondientes al presunto acaudalado y avanzado reino. Sin embargo, la región del Cáucaso representa un sistema orogénico joven, donde han ocurrido numerosos desastres naturales intensos, como grandes terremotos y poderosos deslizamientos de tierra, que podrían estar relacionados con la destrucción de cualquier evidencia física relacionada con la cultura antigua de Cólquida.

Lo cierto es que muchos investigadores sostienen que la expedición de los argonautas al reino de Cólquida fue un hecho real y que, según parece, el principal objetivo de la odisea era obtener la tecnología de extracción de oro de las arenas fluviales, mediante la aplicación de la técnica de la piel de oveja, que procuraba una piel ovina impresa en oro. Sin duda, una representación fantástica del vellocino de oro de Eetes, rey de Cólquida.

📖 PARA LEER MÁS:

- Amenta, Charles. (2005). The opening of Mahler's Ninth Symphony and the Bernstein «heart-beat» hypothesis. *Naturlaut* 4 (1): 17-18.
- Kitto, Michael. (2013). Radionuclide and chemical hazards of a radium ore revigator. *Journal of Radioanalytical and Nuclear Chemistry* 296: 57-62.
- Levy, David. (1986). Gustav Mahler and Emanuel Libman: Bacterial endocarditis in 1911. *British Medical Journal* 293 (6562): 1628-1631.
- Lintern, Melvyn. (2013). Natural gold particles in *Eucalyptus* leaves and their relevance to exploration for buried gold deposits. *Nature Communications* 4: 2614.
- Okrostsvaridze, Avtandil. (2016). A modern field investigation of the mythical «gold sands» of the ancient Colchis Kingdom and «Golden Fleece» phenomena. *Quaternary International* 409: 61-69.
- Pereda, Antonio. (2019). Science, art, society and Klimt's University of Vienna paintings. *eLife* 8: e50016.
- Stoney, Atkinson. (1913). A year's experience of Dioradin in surgical tuberculosis. *British Medical Journal* 1: 215.
- Strauss, William. (2017). George De Hevesy, Recipient of the 1943 Nobel Prize for Chemistry. *Journal of Nuclear Cardiology* 24 (6): 1848-1849.
- Trombetta, Mark. (2014). Madame Maria Sklodowska-Curie —brilliant scientist, humanitarian, humble hero—: Poland's gift to the World. *Journal of Contemporary Brachytherapy* 6 (3): 297-299.

New and Cheaper Edition, thoroughly revised.

One Volume, demy 8vo, pp. 780, price 12s. 6d.

EMANUEL SWEDENBORG:

HIS LIFE AND WRITINGS.

BY WILLIAM WHITE.

Wherein the History, the Doctrines, and the other-world Experiences of the great Swede are concisely and faithfully set forth; also the singular Origin and Condition of the Swedenborgian Sect.

The Volume is Illustrated with Four exquisite Steel Engravings by Mr. C. H. Jeens—

I. JESPER SVEDBERG, BISHOP OF SKARA.
II. EMANUEL SWEDENBORG, AGED 46.
III. SWEDENBORG'S HOUSE, STOCKHOLM.
IV. SWEDENBORG, AGED 80.

ATHENÆUM.

We are not prepared to agree with Mr. WHITE either in his reasoning or his estimate of his subject, but we can truly say, that so well arranged and impartial an exposition of the Swedenborgian question has not been given to the world until now.

PALL MALL GAZETTE.

It is by the profusion of his extracts, the honesty of his comments, and the picturesque detail with which he crowds his pages, that Mr. WHITE at once captivates attention. The work may be described as a long exhaustive gossip about Swedenborg, his writings, and his disciples; pleasant thoughtful gossip from a mind which impresses you as being kindly and truthful above the common. We can with confidence assure thoughtful readers that there is more to interest them in Mr. WHITE's biography than in any work of the year whose professed object is to entertain.

SCOTSMAN.

The Life of the GREAT SEER is sketched with a lively hand; and an endeavour is made by means of carefully selected extracts to present, in his own words, a view of what he meant to say in his tremendously voluminous writings. Nothing could be better than Mr. WHITE's biography.

MANCHESTER GUARDIAN.

Mr. WHITE must have the praise of having well completed a laborious and tedious task. Any purchaser of his volume will possess a theological and philosophical system in little. All Swedenborg's writings are dissected and intelligently criticised in a spirit of appreciation, but the reverse of servile or imitative.

NORTH AMERICAN REVIEW.

Mr. WHITE's work is a model of its kind, and does emphatic credit to his intellect and conscience. It is by far the best Life of SWEDENBORG.

LONDON: SIMPKIN, MARSHALL & CO., STATIONERS' HALL COURT.

Beveridge, Printer, Fullwood's Rents, Holborn.

Emanuel Swedenborg. Aguafuerte de C. H. Jeens, 1827-1879.

Los ángeles de Swedenborg

Quizás sea útil aquí citar los rumores y las habladurías que circularon en Suecia acerca de Emanuel Swedenborg, un científico que charlaba con espíritus. Todo comenzó, como suele ser lo habitual, con el nacimiento de Swedenborg, ocurrido en 1688 en Estocolmo. La infancia de Emanuel topó con un dividido periodo pedagógico, didáctico y social. La vasta riqueza mineral de Suecia alentó el incipiente y testarudo desarrollo industrial y científico de las ciudades, pero la perspectiva y la sintonía hacia el ámbito sobrenatural y espiritual permanecían incrustadas en el entorno rural. La familia Swedenborg era ejemplo de esta dualidad. El padre de Emanuel era un destacado clérigo luterano que llegó a ser obispo de Skara y reconocido exorcista, mientras que el abuelo materno fue asesor en el Royal College of Mines. Emanuel demostró inclinaciones religiosas desde edad temprana, y los padres maravillados comentaban que los ángeles hablaban por boca del niño. Por desgracia, las epidemias desencadenadas en las provincias bálticas durante la gran hambruna de 1697 reclamaron las almas de Albrech y Sarah, hermano mayor y madre de Emanuel. La hambruna y las enfermedades derivadas mataron a más de una cuarta parte de la población escandinava a fines del siglo XVII. Analizando los registros de la época, diferentes investigaciones apuntan que la alta mortalidad durante la primavera y el verano de 1697 fue causada por epidemias llamadas *blodsot* y *brännesjuka*, y que con gran probabilidad fueron fiebre tifoidea, tifus y shigelosis, un tipo de disentería ocasionada por bacterias del género *Shigella*.

El exceso de mortalidad en la Suecia de finales del siglo XVII y principios del XVIII tiene relación con la pérdida de las cosechas registradas, en al menos cuatro ocasiones, entre 1647 y 1775. La disminución drástica de la producción agraria en la década de 1690 estuvo motivada por el inusual clima frío y húmedo determinado por la Pequeña Edad de Hielo sufrida en Europa, y que en esas fechas marcó el punto de temperatura más bajo. Además, en 1693 ocurrieron las tremendas erupciones volcánicas del Hekla, en Islandia, y del Serua, en Indonesia, que fueron seguidas en 1694 por los estallidos de los volcanes Komaga-Take, en Japón, y Aboina, en Indonesia. La inusitada y masiva actividad volcánica emitió, en un escuálido periodo de tiempo, gran cantidad de polvo a la atmósfera, lo que impidió la llegada normal de la radiación solar, y agravó la frialdad ambiental.

A la edad de once años, todavía luciendo mocos como cirios acampados en las narices, Emanuel Swedenborg ingresó en la Universidad de Uppsala, para recibir educación en filosofía y estudiar autores clásicos, como Publilio Siro y Séneca. Después de completar los estudios en Uppsala, Swedenborg sirvió en la Real Junta de Minas y en la Cámara de los Lores sueca, pero con frecuencia viajaba persiguiendo la observación de los avances científicos y buscando métodos para perfeccionar la escritura. Los intereses de Swedenborg eran diversos, y viajó a Inglaterra en 1710 para explorar los campos de las matemáticas y la astronomía, entablando amistad con el astrónomo John Flamsteed, a quién debemos el Real Observatorio de Greenwich, y manteniendo reuniones con físicos notables, como sir Isaac Newton o Edmund Halley, que en 1705 determinó por primera vez el periodo orbital del famoso cometa Halley.

Swedenborg estuvo afincado en Londres varios años, absorbiendo gran cantidad de conocimiento y desarrollando la rara y extraordinaria creatividad científica que utilizó para proponer la construcción de innovadores artilugios, como submarinos y máquinas voladoras. De regreso a

Suecia, continuó desatado y sumergido en el frenesí enardecido de la inventiva, facilitando la creación de la revista científica *Daedalus Hyperboreus*, en la que el ingeniero e industrial Christopher Polhem, considerado el padre de la ingeniería sueca, escribió numerosos informes de proyectos y descubrimientos. Los destellos de Swedenborg animaron al rey Carlos XII a nombrar al joven científico asesor extraordinario de la Real Junta de Minas y asistente de Polhem. En esa época, Emanuel asumió profunda atracción por el campo de la metalurgia, y propuso la construcción de un canal entre Gotemburgo y Estocolmo. A partir de 1734, Swedenborg desarrolló fascinación por la anatomía y la fisiología; las matemáticas aplicadas a la mecánica; y el origen de los planetas y el Sol. La perspicacia de Swedenborg para la ciencia era innata, y permitió que desplegara ideas innovadoras que revolucionaron la práctica médica y en especial la neurociencia.

Swedenborg describió la complejidad de la corteza cerebral y descubrió los espacios perivasculares, el agujero de Magendie y el fluido cerebroespinal. Además, señaló la importancia de la glándula pituitaria en el mantenimiento normal de la función neurológica y, en una época en la que la corteza cerebral no tenía asignada función significativa, desarrolló, cien años antes de los experimentos de Gustav Fritsch y Eduard Hitzig, la idea de organización somatotópica, es decir, la relación topográfica que existe entre la superficie corporal y las diferentes áreas específicas del sistema nervioso central (SCN). En 1870, Fritsch y Hitzig demostraron que la estimulación eléctrica de áreas corticales específicas de un perro provocaba movimientos motores discretos y reproducibles. Este descubrimiento inicial provocó gran cantidad de estudios de estimulación eléctrica en humanos y animales, que urdieron la idea de un mapa somatotópico estructurado de la musculatura externa en la corteza motora primaria (M1), que ahora es conocido comúnmente como el homúnculo cortical. El homúnculo cortical es una representación distorsionada del cuerpo humano, basada en áreas neurológicas y en las proporciones del cerebro humano dedicadas al procesamiento de las funciones motoras y de las funciones sensoriales para diferentes partes del cuerpo, que fue detallado por Wilder Penfield y Edwin Boldrey en 1937. Penfield y Boldrey describieron la estimulación de la corteza cerebral en el ser humano, confirmando la topografía precisa de la localización cortical, pudiendo relacionar la estimulación de una zona discreta del cerebro con fenómenos motores y sensoriales que afectan a una parte particular del cuerpo, lo que ayudaba a delinear el área apropiada en las intervenciones quirúrgicas. Los dibujos que representaron y las ilustraciones derivadas de los originales son unos de los mapas conceptuales más famosos de la neurología moderna.

El neurocirujano Wilder Penfield fue reconocido por practicar trabajos innovadores relacionados con la epilepsia. Penfield operó a pacientes con epilepsia intratable utilizando anestesia local y asegurando que permanecieran despiertos durante toda la intervención. Estimuló áreas de la superficie

Fotografía del neurocirujano Wilder Penfield, mientras jugaba al fútbol americano en la Universidad de Princenton en 1913.

del cerebro en estos pacientes para demarcar la parte que producía los trastornos epilépticos. En muchos enfermos, la estimulación eléctrica de ciertas áreas del cerebro desencadenó vívidos recuerdos de eventos pasados. Un paciente, mientras estaba en la mesa de operaciones en Montreal, Canadá, recordó haber reído con primos en una granja de Sudáfrica. Este descubrimiento permitió a Penfield concluir que existía relación estrecha entre los eventos fisiológicos y los fenómenos psíquicos, que provocaban un profundo significado psicológico. Penfield probó que el estado de ensueño a veces puede ser provocado por la estimulación eléctrica de la neocorteza temporal lateral, especialmente la circunvolución temporal superior. Los interrogantes con los que tropezaba hicieron que Wilder Penfield dedicara mucho trabajo y esfuerzo en analizar diversos procesos mentales que incluían alucinaciones, ilusiones y el famoso *déjà vu*, e, incluso, contempló la posibilidad de encontrar alguna base científica para la existencia del alma humana.

El interés por el alma humana es coincidente en Wilder Penfield y en Emanuel Swedenborg, que buscó el modo apropiado de entender su naturaleza. Desde la adolescencia hasta superados los cincuenta años, en esencia Swedenborg fue hombre de ciencia preocupado por la física, la química, la biología, la fisiología, las matemáticas y la geología, pero después, poco a poco, la querencia del sueco viró hacia la vertiente filosófica y religiosa. La transición entre el periodo científico y los estudios espirituales quedaron reflejados en la obra *Oeconomia regni animalis in transactiones divisa*, donde Swedenborg exploró la fisiología y la anatomía humanas como herramientas para comprender los misterios del alma.

La transformación cuajó en 1743, cuando Swedenborg entró en contacto con inesperadas voces angelicales. A partir de 1744 empezó a escribir textos dictados por ángeles. Las experiencias místicas de los primeros meses del año estaban concentradas en las crónicas de los episodios vividos durante los sueños, como el ocurrido entre el 6 y 7 de abril de 1744, en el que Swedenborg recuerda que marchó a dormir temprano y alrededor de las doce, o quizás de la una o de las dos de la madrugada, un fuerte temblor recorrió su cuerpo de la cabeza a los pies, apoderándose de él como niebla traicionera producida por muchas nubes juntas, agitándolo más allá de cualquier posible descripción y postrándolo sin remedio. Percibió que, aunque derrocado, estaba totalmente despierto. Habló y preguntó que significaba aquello, apretando las manos y orando. Entonces, de ninguna parte, surgió una mano que presionó las suyas con firmeza. La oración continuó y pudo ver un rostro con porte santo que sonreía. Swedenborg comprendió que estaba sentado en el seno de Dios y pudo hablar con él. El Señor preguntó y Swedenborg respondió, comprendiendo que había sido bendecido con la gracia, y despertó temblando.

En mayo de 1744 ocurrió otro episodio en Londres. En aquella ocasión, Swedenborg, después de correr tras John Paul Brockmer, con quien compartía vivienda, comenzó a expulsar espuma por la boca, y cuando al rato por fin pudo hablar, dijo que él era el Mesías, pero que estaba impedido para mantener discurso alguno, por lo que había elegido al atónito señor Brockmer como portavoz. Swedenborg alarmó todavía más al estupefacto Bockmer, asegurando que aquella misma noche recibiría la visita de un ángel que confirmaría el relato. El ángel debió olvidar la dirección, porque no asistió a la entrevista nocturna. A la mañana siguiente, Bockmer insistió a Swedenborg para que reclamara asistencia médica, a la par que buscaba nueva habitación para el visionario.

Pocos meses después, aconteció otro hecho crucial. Era septiembre de 1744 y Swedenborg meditaba, cuando de repente escuchó a alguien que amenazaba, con la voz clara, en herirle si no contenía la lengua. Para Swedenborg fue el primer encuentro consciente con el mundo de los espíritus. A partir de ese momento, los eventos místicos ganaron en frecuencia y en convicción. Algunas revelaciones tenían carácter religioso y otras tocaban aspectos mundanos, lo que convirtieron a Swedenborg en visionario con dotes proféticas. El prestigio y la credibilidad de Swedenborg vinieron determinados por una serie de sucesos casuísticos en los que estuvo involucrado. Uno de ellos fue el ocurrido con *madame* de Marteville, esposa del difunto embajador holandés Luis de Marteville, a quien un orfebre reclamaba la deuda contraída por el marido. La mujer estaba segura de que su esposo había pagado la joya, pero no lograba encontrar la factura, y pidió ayuda a Swedenborg, que afirmó que haría todo lo posible para aclarar el entuerto. Unos días más tarde, zascandileando por el mundo de los espíritus, Swedenborg tropezó con el finado Luis de Marteville, a quien expuso el problema que mantenía *madame* de Marteville. El embajador, o el espíritu o el alma o la esencia o lo que fuera que fuese, prometió buscar el recibo y resolver el conflicto. Al poco, Luis apareció en los sueños de la esposa explicando que debía buscar detrás del cajón de una mesa. A la mañana siguiente, la viuda escudriñó la caverna olvidada que ocultan todos los cajones tras de sí, y encontró la factura nominada en busca y captura, custodiada por el broche de pelo con diamantes que creía extraviado. El día después, Swedenborg informó a la viuda que el embajador había evitado mantener reunión incorpórea, aduciendo que debía comunicar algo importante a la afligida consorte y que tras hacerlo marcharía al más maravilloso paraje del cielo.

Para Karl Jaspers, psiquiatra alemán y uno de los grandes filósofos del siglo XX, el caso de Swedenborg es similar al de su compatriota August Strindberg, gran escritor sueco, reconocido a nivel mundial por crear magníficas obras teatrales, y que fue capaz de conjugar la literatura con atenciones hacia la botánica, la óptica y la química. Algunos autores, incluido Jaspers, sugieren que Strindberg tenía personalidad esquizofrénica y que en algunos momentos de finales del siglo XIX sufrió locura temporal y paranoia severa. August Strindberg aseguró que Emanuel Swedenborg produjo gran impacto en su trabajo, el cual a su vez influyó sobremanera en la obra de formidables escritores como Maxim Gorky o Tennessee Williams, autor de *Un tranvía llamado Deseo* (1948) y *La gata sobre el tejado de zinc* (1955), ambas ganadoras de sendos Premios Pulitzer en la categoría de drama.

Jaspers adoptó el enfoque dirigido a la comprensión de la psicología, relacionando las circunstancias en la vida de

Jessica Tandy, Kim Hunter y Marlon Brando durante la representación
en Broadway en 1948 de la producción teatral Un tranvía
llamado Deseo. (Library of Congress, Washington D. C.).

los pacientes y observando los datos obtenidos desde una perspectiva externa objetiva. En 1913 publicó *Allgemeine Psychopathologie* (*Psicopatología General*), que fue recibida como un hito en psiquiatría, una especie de psicopatología científica plagada de descripciones claras; síntomas; tipos de trastornos pormenorizados; utilizando terminología uniforme; y excursiones a los ámbitos de la neuropsicología, la neurobiología y la antropología filosófica. La influencia del libro fue abrumadora, y todavía hoy es de lectura obligada para psiquiatras y psicólogos. Según Michael Shepherd, que ocupó plaza de profesor de psiquiatría epidemiológica en el Instituto de Psiquiatría del King's College de Londres, y fue uno de los psiquiatras más influyentes y respetados de finales del siglo XX, la obra *Allgemeine Psychopathologie* sigue siendo el libro más importante escrito sobre los objetivos y la lógica de la medicina psicológica, y como tal debería ser estudiado y asimilado por todos los psiquiatras y los alumnos en formación. Cuarenta años más tarde de la revelación de *Allgemeine Psychopathologie*, Jaspers publicó la obra *Genio artístico y locura* (1953), en la que conjeturó que Emanuel Swedenborg presentaba groseras patologías mentales.

Swedenborg no experimentó contacto con los espíritus y los ángeles en el mundo físico, siempre enlazó relación a través de los sentidos internos. Las experiencias anómalas que cursó eran de diferente clase. Entre las habituales, declaraba el surgimiento de visiones y voces en correspondencia con estados de conciencia aletargada, asociados a la transición desde el estado de vigilia al de sueño o desde el de sueño al de vigilia. En la actualidad, estas experiencias son denominadas alucinaciones hipnagógicas e hipnopómpicas, y pueden ser visuales, auditivas, gustativas, olfatorias o, incluso, táctiles. Las alucinaciones hipnagógicas son características de la narcolepsia. Sin embargo, la categoría predominante que notó Swedenborg fueron los episodios auditivos. Casi a diario Emanuel Swedenborg dialogaba con los espíritus y percibía esos momentos de modo hiperrealista.

Las alucinaciones verbales auditivas (AVA) son referidas a la posibilidad de escuchar voces en ausencia de estímulos externos. Están consideradas característica central de la esquizofrenia, ya que aparecen entre el 60 y el 90 % de los casos. También pueden aparecer en larga variedad de otros trastornos psiquiátricos, como el trastorno bipolar, el trastorno límite de personalidad y la depresión o, incluso, en una minoría de la población general que las experimentan, pero que no requieren atención psiquiátrica. Las teorías neuropsicológicas consideran que las alucinaciones pueden surgir del desajuste entre el habla interna y la percepción/comprensión y atribución. En realidad, la aparición de alu-

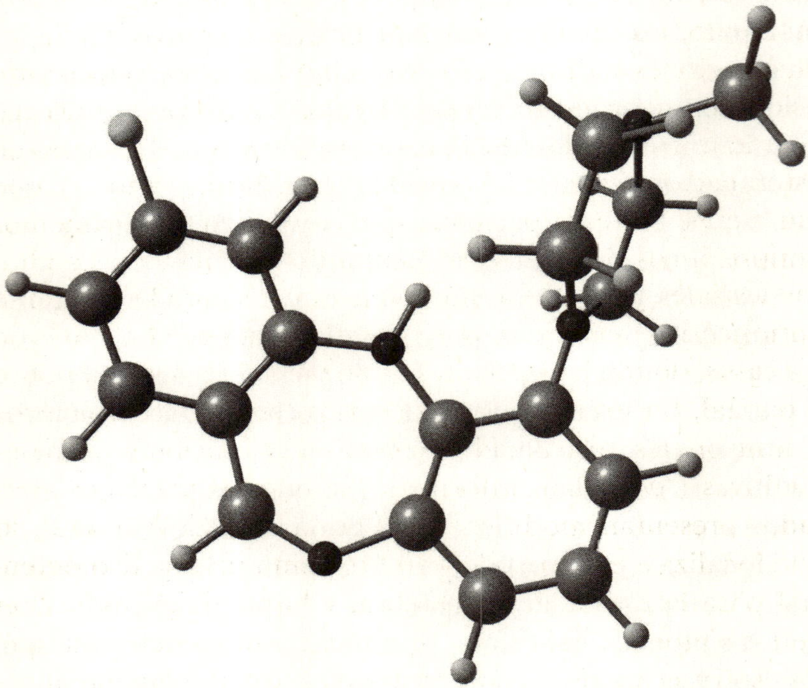

Estructura molecular de la clozapina [Igor Petrushenko].

cinaciones verbales auditivas es compleja, y puede estar influida por determinantes biológicos; culturales; ambientales; y relativos a la personalidad o a las experiencias desplegadas por la persona. De hecho, las revisiones recientes sobre alucinaciones verbales auditivas (AVA) abogan por la investigación cualitativa e interdisciplinaria que no solo esté limitada a características descriptivas únicas, sino que también involucre los problemas contextuales y la psicopatología concurrente.

Las características fenomenológicas de las alucinaciones verbales auditivas (AVH) varían en diferentes trastornos psiquiátricos, y los síntomas están asociados con cambios en estructuras cerebrales específicas y trastornos en la función cerebral; el flujo sanguíneo; y el metabolismo. En este momento, las intervenciones principales para combatir las alucinaciones auditivas verbales incluyen medicamentos antipsicóticos, neuroestimulación y terapia cognitiva conductual. El tratamiento de las alucinaciones auditivas con técnicas de estimulación cerebral ha crecido en los últimos años, ya que hasta el 30 % de los pacientes que consumen medicamentos antipsicóticos siguen experimentando alucinaciones auditivas verbales (AVH). La clozapina es considerada el agente antipsicótico más eficaz, pero es refractario en el 40-70% de los casos, donde los pacientes alcanzan solo respuesta pobre o parcial. En los últimos años, varios estudios morfológicos y funcionales relacionados con las alucinaciones verbales auditivas (AVH) han informado de que los pacientes afectados presentan modificaciones en la corteza temporal, lo que focaliza a esta área del cerebro como un objetivo potencial para la estimulación cerebral y la potencial reducción de los síntomas. Así es que, si en algún momento nota que los espíritus intentan comunicarse con usted o que los ángeles le canturrean cerca del oído y le aturullan con cháchara celestiales, para desestimar la posibilidad de haber adquirido posibles poderes sobrenaturales sobrevenidos es conveniente que comente la situación con profesionales médicos.

📖 PARA LEER MÁS:

- Beatson, Josephine. (2019). Avoiding Misdiagnosis When Auditory Verbal Hallucinations Are Present in Borderline Personality Disorder. *The Journal of Nervous and Mental Disease* 207: 1048-1055.
- Gandhoke, Gurpreet. (2019). Edwin Boldrey and Wilder Penfield's Homunculus: A Life Given by Mrs. Cantlie (In and Out of Realism). *World Neurosurgery* 132: 377-388.
- Jablensky, Karl. (2013). Karl Jaspers: Psychiatrist, Philosopher, Humanist. *Schizophrenia Bulletin* 39: 239-241.
- Lappalainen, Mirkka. (2014). Death and Disease During the Great Finnish Famine 1695-1697. *Scandinavian Journal of History* 39: 425-447.
- Tubbs, Shane. (2011). Emanuel Swedenborg (1688-1772): pioneer of neuroanatomy. *Child's Nervous System* 27: 1353-1355.
- Waters, Flavie. (2017). Hallucinations: A Systematic Review of Points of Similarity and Difference Across Diagnostic Classes. *Schizophrenia Bulletin* 43: 32-43.

Polifemo y los cíclopes de Sicilia

*Yo, Tiberio Claudio Druso Nerón Germánico Esto-y lo-otro-y-lo-demás-allá (porque no pienso molestarlos todavía con todos mis títulos), que otrora, no hace mucho, fui conocido de mis parientes, amigos y colaboradores como «Claudio el Idiota», o «Ese Claudio», o «Claudio el Tartamudo», o «Cla-Cla-Claudio» o, cuando mucho, como «El pobre tío Claudio», voy a escribir (*AÑO *41 d. De C) ahora esta extraña historia de mi vida.*

Así comienza el primer capítulo de *Yo, Claudio*, célebre y reconocida novela histórica escrita por el poeta británico Robert Graves, publicada en 1934. La obra, narrada en estilo autobiográfico por boca del emperador Claudio, relata la historia de la dinastía Julio-Claudia en los albores del Imperio romano, desde el magnicidio de Julio César en el año 44 a. C. al asesinato de Calígula en el año 41 d. C. En la novela, Graves apunta el penacho de desdichas que Claudio exhibía. Cojo, tartaja, sordo de un lado y atildado con movimientos físicos involuntarios. Algunos investigadores insinúan que Claudio sufría el síndrome de Tourette, un trastorno neurológico caracterizado por tics motores y fónicos. A menudo, el síndrome de Tourette está acompañado de afecciones concurrentes como el trastorno por déficit de atención e hiperactividad (TDAH), el trastorno obsesivo compulsivo (TOC) y problemas del lenguaje y el habla. Los síntomas del síndrome fueron descritos por vez primera en 1884 en nueve pacientes atendidos por el neurólogo francés Georges Gilles de la Tourette, que nombró a la afección como *maladie des tics* (enfermedad de los tics). Poco después, Jean-Martin Charcot, fundador de la neurología moderna y mentor de Tourette, renombró el síndrome como enfermedad de Gilles de la Tourette, en honor al alumno. Entre los estudiantes que formó Charcot, además de Tourette, destacaron ilustres neurólogos, como Joseph Babinski, que en 1896 describió el reflejo de Babinski, fundamental en el desarrollo del examen neurológico, al referenciar una anomalía del reflejo plantar relacionada con lesiones en la vía corticoespinal. Otro de los discípulos fue William James, hermano mayor del novelista Henry James e influyente

El neurólogo francés Georges Gilles de la Tourette, en 1870.

filósofo estadounidense, considerado el padre de la psicología americana. En 1865 William James acompañó al biólogo suizo Louis Agassiz en una expedición científica por el río Amazonas, pero pasados unos meses, abortó la correría al presentar signos de viruela.

Charcot es considerado el primero en describir la esclerosis múltiple. En 1862 fue nombrado *agrégé en exercise* del hospital de la Pitié-Salpêtrière, inmenso hospicio etiquetado de categoría menor entre los centros docentes de París, y al

Cronofotografía de una paciente del hospital francés la Salpêtrière, realizada por el neurólogo Jean-Martin Charcot en 1878. Charcot empleó el hipnotismo para tratar la histeria y otras anomalías mentales.

que Charcot denominaba «la Versalles del dolor». A su cuidado quedaron quinientas mujeres, la mayoría desvencijadas. Muchas, cargadas de años, catalogadas como «indigentes y epilépticas no trastornadas», habían sido acogidas por tormentos habituales y crónicos, como la histeria, la afección típica de la época. Bajo la dirección de Charcot, el hospicio gusarapo mudó a mariposa, mutando de sórdido sumidero de miserias subrepticias a escuela neurológica de fama pulida y reluciente. La paciente favorita de Charcot fue Louis Augustine Gleizes, ingresada en la Salpêtrière a los catorce años de edad tras sufrir varias experiencias traumáticas. La colección de suplicios que atesoraba Augustine detentaba castigos corporales experimentados en un centro religioso del que era interna; abusos sexuales padecidos con diez años; o la violación sufrida a los trece años a cargo del amante de su madre. Louis Augustine Gleizes, conocida como Augustine o tan solo como A, fue persuadida por triquiñuelas apañadas, como sesiones de hipnosis, para escenificar hasta la perfección las patologías que interesaban a Charcot. Augustine representó el ciclo histérico completo, que logró ser documentado con un amplio registro fotográfico. Charcot realizó discutibles y controvertidas demostraciones públicas que catapultaron la popularidad de Augustine. En ellas, Augustine era manipulada y sugestionada con supuestas prácticas hipnóticas dirigidas por Charcot, que golpeaba un diapasón para introducir a la mujer en estado catatónico, virando de súbitos desmayos a fases agitadas confitadas con gritos y reacciones extrañas. Tras unos pocos años de notoriedad forzada, Augustine escapó de la Salpêtrière disfrazada con atuendos masculinos. Jamás volvió al purgatorio. En realidad, aunque las pruebas con Agustine parezcan inmorales y deshonestas, Charcot no era un charlatán, sino un médico que intentaba paliar la enfermedad aplicando el conocimiento imberbe y desorientado del momento.

Además de Claudio, varias investigaciones proponen que al menos otras dos personalidades notables padecieron el síndrome de Tourette. La primera fue el poeta y lexicógrafo inglés Samuel Johnson, autor de *A Dictionary of the English*

Language, publicado en 1755 y considerado el diccionario más influyente en la historia de la lengua inglesa, hasta la finalización del *Oxford English Dictionary*, en 1928. El segundo afectado ilustre fue el soberbio compositor Wolfgang Amadeus Mozart, nacido en Salzburgo y nombrado, por el príncipe arzobispo Hieronymus Colloredo, músico de la corte a la edad de diecisiete años. Mozart, genio musical irrefutable, amasó deliciosas sinfonías y abyectas penurias hasta tropezar con la muerte a la edad de treinta y cinco años. La causa del fallecimiento de Mozart es misteriosa, y las pesquisas designan numerosas posibles causas, entre las que destacan la fiebre reumática aguda, la infección estreptocócica, la triquinosis, el envenenamiento por mercurio o la gripe. También enigmático es el uso vulgar y escatológico del lenguaje oral y escrito que en ocasiones practicaba Mozart. El endocrinólogo Benjamin Simkin estudió con paciencia 371 cartas escritas por el compositor austriaco y encontró alusiones escatológicas en treinta y nueve de ellas. En varias misivas escritas a su prima Maria Anna Thekla Mozart, el compositor se refirió sin inhibiciones a la defecación y a situaciones anales que, carentes de disimulo, podrían sugerir prácticas de coprofagia. Al parecer, la intensidad escatológica de Mozart variaba, siendo más pronunciada en 1770, 1781 y 1788, años que correspondieron a períodos de intenso estrés emocional e inestabilidad psíquica del compositor. Según algunas investigaciones, estas características lingüísticas en la correspondencia de Mozart respaldan el diagnóstico de síndrome de Tourette. Además, Mozart era conocido por regalar muecas faciales, liberar gemidos a destiempo y abusar de movimientos repetitivos con las manos y con los pies. En general, los historiadores médicos consideran que esas acciones son manifestaciones de los tics motores y vocales de Mozart, que también exhibió rasgos de trastorno obsesivo compulsivo. Así, Johannes Hummel, padre del virtuoso pianista Johann Nepomuk Hummel, describió los incomprensibles actos que mostró Mozart durante la audición de piano del retoño. Hummel detalla que en aquella ocasión Mozart, utilizando el brazo, le empujó con suavidad en varias ocasiones y acto seguido cogió su rodilla

Wolfgang Amadeus Mozart (1756-1791), grabado
a partir la pintura de F. Schrorer, 1895.

con la mano y la presionó con delicadeza. Después agarró la cabeza de Johann Nepomuk y tomó la mano del vástago para colocar al pequeño en el regazo. Acto seguido comenzó a acariciar al niño con cadencia férrea. Otros autores manifiestan que las rarezas y peculiaridades en el comportamiento social de Mozart representan una especie de insubordinación diseñada para superar algunas de las deficiencias que rubricaban la figura del músico, como la baja estatura y la forma extraña de la cabeza que, sumando desgracias, estaba adornada por nariz grande, la oreja izquierda deformada y el rostro acribillado por feas marcas, obsequio de la viruela que padeció en la infancia.

El síndrome de Tourette también aparece representado en la literatura. Un ejemplo es la maravillosa novela *Anna Karenina*, del autor Lev Tolstóy, que inspirado en las alteraciones de su hermano Dmitry, incorporó al personaje de Nikolai Levin características físicas, vocales, emocionales y sociales propias del síndrome de Tourette. Sin embargo, para algunos autores, este síndrome no correspondió a la enfermedad principal que padeció Claudio. Muchos, incluido Robert Graves, razonan que la enfermedad que lastró al emperador romano fue la poliomielitis. En este sentido, la marcha atípica, los movimientos incontrolados y el impedimento en el habla que manifestaba Claudio podrían estar motivados por el síndrome pospoliomelítico. Las personas que han padecido poliomielitis en la infancia pueden desarrollar, décadas más tarde, el síndrome pospolio, caracterizado por la debilidad y el dolor en músculos y articulaciones; problemas respiratorios y disfagia; intolerancia al frío; atrofia muscular; y fatiga generalizada. La causa real que origina el síndrome pospolio es desconocida, pero parece estar ligada a la degeneración de las células nerviosas que quedaron afectadas por la infección inicial del virus de la polio.

En el capítulo v de *Yo, Claudio,* Robert Graves afirma que el emperador fue un chico muy enfermo, un campo de batalla de enfermedades según los médicos, y que quizás sobrevivió porque las afecciones no debieron ponerse de acuerdo acerca de cuál de ellas tendría el honor de rematarle. El rosario de suplicios comenzó con el nacimiento prematuro y continuó con la intolerancia a la leche de la nodriza que lo amamantaba. Después llegaron la malaria y el sarampión, que dejó a Claudio algo sordo de un oído. Poco más tarde, con estruendo y sin ser invitados, acudieron la erisipela, la colitis y, por último, la parálisis infantil, con suma probabilidad ocasionada por la poliomielitis, que acortó de tal modo su pierna izquierda que condenó a Claudio a cojera perpetua. Curiosamente, Robert Graves también aguantó una nutrida pléyade de infortunios infecciosos. Coincidió con Claudio en el sarampión, que saboreó a edad temprana y que motivó la aparición de una neumonía doble, por si acaso la unidad era poca cosa para un niño de siete años. Los médicos casi desahuciaron al joven Graves, pero sobrevivió. Debía tener los pulmones de corindón o de topacio, porque los bronquios aguantaron estoicos en esa ocasión y también apechugaron más tarde cuando, ya adulto, a finales de 1918, enfermó de gripe española.

La trayectoria literaria de Graves es prolífica y supera los ciento cuarenta trabajos. Algunos de ellos prestan especial atención al análisis e interpretación de la mitología griega. En 1955 Graves escribió que el mito tenía dos funciones principales. La primera era responder a preguntas incómodas, típicas de niños y mentes desmoldadas, como ¿quién hizo el mundo?, ¿quién fue el primer hombre?, ¿a dónde van las almas después de la muerte? El segundo cometido del mito, según Graves, es justificar el sistema social existente y dar cuenta de los ritos y costumbres tradicionales. En la antigua Grecia, las historias mitológicas fluían en los asuntos cotidianos, pringando las jornadas y dando sentido al mundo que percibían las personas. En el segundo volumen de *The Greek Myths*, Graves menciona el encuentro entre Odiseo y el cíclope Polifemo. Graves narra que Odiseo navegó hasta llegar a una isla fértil y bien arbolada, que estaba habitada por innumerables cabras salvajes. Al explorar la costa opuesta, Odiseo advirtió que la isla era la tierra de los feroces y bárbaros cíclopes, llamados así por el gran ojo redondo que brillaba en el centro de cada frente. Los cíclopes habían perdido el arte de la herrería practicado por sus antepasados al servicio de Zeus, y ahora eran pastores sin leyes, sin asambleas, sin mercados y sin conocimiento de agricultura, que vivían hoscos separados unos de otros en cavernas ahuecadas en las colinas rocosas. Odiseo y sus compañeros, faltos de prudencia, pero provistos de rodillas obedientes, entraron en una de las cuevas sin percibir que la propiedad pertenecía al hijo gigantesco de Poseidón y de la ninfa Thoösa, el cíclope llamado Polifemo, a quien le encantaba comer carne humana.

Según las narraciones de la antigua Grecia, el hogar de los cíclopes estaba ubicado en varias islas del mar Mediterráneo, la mayoría de origen volcánico. La *Odisea* de Homero también recoge las aventuras marinas e isleñas de Odiseo con los cíclopes, aplicando descripciones poéticas, que algunos autores han interpretado como alegóricas. En efecto, los poetas latinos como Virgilio insinúan que los cíclopes que habitaban el Etna en Sicilia son la personificación literaria de la fortaleza y brutalidad de ese volcán. Muchos consideran que, en el texto homérico, la tierra de los cíclopes y los gigantescos seres de enormes y únicos ojos redondos simbolizan a los colosales volcanes de la región sur de Italia, que están coronados con inmensos y circulares cráteres. En este contexto, Polifemo encarnaría al Etna siciliano o a su devastador y cercano hermano peninsular, el Vesubio. Por otra parte, Robert Graves sugiere que la figura ciclópea germinó a partir de un gremio de herreros que exhibían tatuados círculos concéntricos en la frente. Sin embargo, durante muchos siglos, los cíclopes fueron considerados titánicos seres reales de ojo único. La predisposición de creer estuvo apoyada y argumentada por el hallazgo, en varias islas mediterráneas, de fósiles craneales de gran tamaño que presentaban un desmedido agujero frontal correspondiente a la cavidad orbitaria destinada a alojar el globo ocular. En el siglo 5 a. C., Empédocles de Agrigento interpretó estos fósiles como huesos craneales de cíclopes. El mapamundi de Hereford, creado en 1295 y considerado el mapa medieval original más grande del que se tiene conocimiento y que está conservado en la catedral inglesa de Hereford, recoge una isla denominada la isla de los cíclopes. El mapamundi de Ebstorf, de mayor tamaño que el de Hereford, fue destruido en 1943 durante los bombardeos aliados sobre Hannover en la Segunda Guerra Mundial. La copia actual del mapamundi de Ebstorf ha sido reproducida a partir de fotografías. En el siglo XIV, el humanista Giovanni Boccaccio también mencionó la osamenta ciclópea en *Genealogia deorum gentilium* (*Genealogía de los dioses paganos*). La obra más eminente de Boccaccio es el *Decamerón*, libro maestro de la prosa temprana italiana, que está constituido por cien cuentos, y en el que está descrita la epidemia de peste negra que consumió Florencia en 1348.

Las evaluaciones continuaron en los siglos siguientes. En 1914 el paleontólogo austriaco Othenio Abel sugirió que los legendarios cíclopes estaban basados en fósiles de elefantes encontrados en la antigüedad. Abel excavó en varias islas mediterráneas y halló fósiles de cráneos de elefantes enanos, en especial de la especie *Palaeoloxodon falconeri*, pequeño paquidermo común en las cuevas costeras italianas que vivió durante el Pleistoceno. El animal poseía una altura de entre 1 y 1,8 metros hasta la cruz. Los dientes fósiles eran enormes en comparación con los humanos, y el cráneo fosilizado presentaba una gran cavidad frontal que correspondía a la probóscide, pero que simulaba dos cuencas oculares fusionadas, por lo que en la antigüedad fue confundida con el agujero destinado a alojar el ojo del cíclope. Los cráneos fósiles asemejan a grotescos rostros humanoides, y las vértebras y los huesos fosilizados de las extremidades del elefante pueden ser dispuestos para simular un hombre gigante. La ocupación humana de Sicilia, y de otras islas mediterráneas donde abundan los fósiles de elefantes pigmeos, se produjo mucho antes de que la epopeya de Homero fuera narrada y difundida, por lo que es probable que la descripción de los restos animales fosilizados circulara entre los marineros desde la época micénica.

La especie *Palaeoloxodon falconeri* fue propuesta como *Elephas falconeri* en 1867 por el zoólogo y paleontólogo George Busk, quien en 1832 obtuvo el nombramiento de cirujano asistente del hospital de Greenwich. En los años posteriores trabajó como cirujano naval, lo que propició que pudiera realizar importantes observaciones sobre el cólera y el escorbuto. Busk pertenecía al x Club, selecto grupo iniciado el 3 de noviembre de 1864 por el biólogo y antropólogo Thomas Henry Huxley. Huxley, defensor enérgico de la teoría de la evolución de Darwin, debatió con el obispo Samuel Wilberforce en el famoso encuentro sobre el origen de las especies que ambos celebraron en Oxford en 1860. Durante la disputa dialéctica, están acreditadas las mofas de Wilberforce a Huxley y la respuesta del científico, que arponeó las burlas del eclesiástico manifestando que si le preguntaran su preferencia entre tener como abuelo a un simio miserable o a un hombre bien dotado por naturaleza, y poseedor de grandes medios e influencia, pero que empleara esas facultades y prestigio con el propósito de introducir el ridículo en una discusión científica grave, sin dudar afirmaría la preferencia por el mono.

El x Club estaba compuesto por nueve hombres que apoyaban las teorías de la selección natural y el liberalismo académico. Además de Huxley y Busk, el club estaba alimentado con el explorador británico Joseph Dalton Hooker, que fundó la botánica geográfica y dirigió el Real jardín botánico de Kew; el químico británico Edward Frankland, que introdujo el concepto de valencia y descubrió el Helio; el matemático y físico inglés William Spottiswoode, que presidió la Royal Society desde el año 1878 hasta el año 1883, en el que murió a causa de la fiebre tifoidea; el matemático inglés Thomas Archer Hirst, especializado en geometría e impulsor de la reforma escolar de los planes de estudios de matemáticas; el naturalista y sociólogo inglés Herbert Spencer, que en 1864, en la obra *Principios de Biología,* acuñó la famosa expresión de «supervivencia del más apto»; el filántropo y científico inglés John Lubbock, que creó los términos Paleolítico y Neolítico e introdujo la primera ley para la protección del patrimonio arqueológico y arquitectónico del Reino Unido; y, por último, el físico irlandés John Tyndall, que estudió el efecto Tyndall de las partículas coloidales;

anticipó el efecto invernadero descubriendo que el dióxido de carbono, el metano y el vapor de agua bloquean la radiación infrarroja; y desarrolló el método crucial de esterilización microbiana por calentamiento discontinuo, que en la actualidad es conocido como tindalización.

George Busk y su esposa Ellen formaban parte de un animado círculo científico y social. El botánico y explorador británico Joseph Dalton Hooker definió a George como el cerebro más fértil que conocía, respecto a asuntos estomacales, y a Ellen como una persona librepensadora, científica, inteligente y muy completa. Hooker, junto al geólogo Charles Lyell, indujo a Charles Darwin a hacer públicas sus teorías. En 1862, Darwin solicitó ayuda a George Busk para establecer si había relación entre el color del cabello y la susceptibilidad a las enfermedades de los soldados británicos coloniales que servían en climas tropicales. A partir de ese momento, Darwin empezó a consultar asuntos médicos y fisiológicos con Busk, que argumentó razones y persuadió a la Royal Society para que otorgara a Darwin la prestigiosa medalla Copley. Darwin recibió el galardón el 30 de noviembre de 1864, durante la reunión de aniversario de la Royal Society, y pocas semanas después de que el x Club comenzara a rodar. Las conjeturas de Darwin acumularon fervientes garantes, pero también infatigables detractores, y en 1870, en pleno debate sobre la teoría de la evolución, los hermanos Josep y Vicenç Bosch i Grau crearon un licor anisado que registraron con la marca Anís del Mono. La bebida fue producida en la destilería familiar, fundada en 1868 en el número 115 de la calle Eduard Maristany de Badalona. La marca está asociada al modernismo, y la característica botella que contiene el anís está inspirada en un frasco de perfume que Vicenç Bosch compró para su esposa en la parisina plaza de Vendôme. Aprovechando el clima polémico que envolvía a la teoría de la evolución, Josep y Vicenç, escépticos, críticos, ácidos y burlones, publicitaron el licor como el más evolucionado de la época, y para ello incluyeron en la etiqueta el dibujo de un mono con la cara del mismísimo Charles Darwin. Para más inri, el simio agarra una botella con la

Cartel de Anís del mono, por Ramón Casas, impreso por Sucesores de Henrich y Cía., Barcelona, 1897.

mano izquierda y con la derecha sostiene un pergamino que reza: «Es el mejor. La ciencia lo dijo y yo no miento». Charles Darwin murió el 19 de abril de 1882. Varios días antes, el 6 de abril de 1882, publicó en la revista *Nature* su último artículo que versaba sobre la dispersión de los bivalvos de agua dulce. El trabajo estuvo realizado en colaboración con Walter Crick, zapatero aficionado a la ciencia y a la malacología, que mantuvo correspondencia con Darwin sobre las apreciaciones y observaciones empíricas que anotaba durante sus paseos campestres. Con el tiempo, Walter Crick resultó ser el abuelo de Francis Crick, prestigioso biólogo molecular, que en 1962 obtuvo el Premio Nobel de Medicina por el descubrimiento de la estructura molecular de los ácidos nucleicos (ADN) y su importancia para la transferencia de información en el material vivo.

Etiqueta de la marca catalana Anís del mono, fundada en 1870.

Los estudios basados en el ADN han revelado el origen de los fósiles de elefantes encontrados en las islas mediterráneas. Las islas del Mediterráneo oriental son ricas en localidades que conservan muestras poblacionales de elefantes endémicos extintos del Pleistoceno. Estos diminutos elefantes eran descendientes del elefante de colmillo recto europeo, *Palaeoloxodon antiquus*, o del mamut del sur, *Mammuthus meridionalis*, y vivían en las paleo-islas Cícladas: Astypálaia, Creta, Kasos-Kárpatos-Saria, Tilos, Rodas y Chipre. Del mismo modo, los restos fosilizados del elefante *Palaeoloxodon falconeri* son comunes en las islas de Sicilia y Malta, y la presencia en las islas mediterráneas alentó las leyendas, ratificando la existencia y la morada de los cíclopes en estas localizaciones geográficas. El pequeño tamaño de esta especie arcaica de elefante es claro ejemplo del fenómeno de miniaturización, denominado enanismo insular, por el que animales de gran tamaño sufren un proceso de reducción corporal para acondicionar la supervivencia a los recursos limitados del espacio demográfico reducido. En general acontece en islas, pero también puede ocurrir en cuevas, oasis en el desierto o valles y montañas aislados. La colonización de las islas a menudo activa una compleja cadena de eventos adaptativos que, en un tiempo evolutivo relativamente corto, pueden generar cambios importantes en el tamaño del cuerpo. El patrón es conocido como regla de Foster o efecto isla. En el año 2003, en la isla de Flores, en Indonesia, analizando depósitos del Pleistoceno tardío en la cueva de Liang Bua, varios paleoantropólogos descubrieron los restos de una nueva y pequeña especie de homínido ancestral relacionado con la especie humana, el *Homo floresiensis*. Los científicos apuntan que la insularidad podría haber desencadenado trayectorias evolutivas diferentes para el tamaño del cuerpo y del cerebro, lo que permitiría explicar el volumen craneal extremadamente pequeño del *Homo floresiensis*. Diferentes análisis sugieren que existe alta probabilidad en que el *Homo floresiensis* derive de un *Homo erectus* indonesio temprano, lo cual es coherente con el escenario biogeográfico aceptado en la actualidad, que interpreta que la expansión del género *Homo* también ocurrió desde fuera de África.

En la *Odisea* de Homero, Odiseo y sus compañeros escapan del cíclope Polifemo escondidos bajo el rebaño de ovejas propiedad del monstruo. Siglos más tarde, en la década de 1950, en el estado norteamericano de Idaho se produjo un fascinante relato que enmarañó la ficción con la realidad, implicando de nuevo, en una misma historia, a ovejas, hombres y cíclopes. En aquella época, los pastores del centro sur y suroeste de Idaho observaron estupefactos y con preocupación que numerosos corderos nacían con deformidades craneofaciales, algunas severas como el cráneo abovedado, el paladar hendido, la mandíbula superior acortada y la nariz malformada y transformada en una especie de trompa. Muchos exhibieron ciclopia. Los animales mal nacían con un único y gran ojo en el centro de la frente. Ninguno sobrevivía. Morían al poco por problemas de respiración o de alimentación. Las autopsias y exámenes *post mortem* de los corderos revelaron hemisferios cerebrales fusionados, predominio de hidrocefalia y ausencia de la glándula pituitaria y de los bulbos olfatorios. Además, el periodo de gestación estaba prolongado, permitiendo que el feto creciera hasta cuatro veces más que el tamaño normal, lo que originaba gigantescos cíclopes ovinos.

La enfermedad y consecuente muerte de los individuos supuso una dificultad económica significativa para los ganaderos, ya que cada animal afectado conllevaba, en aquel momento, la pérdida de unos veinte euros, que si la equiparamos a la época actual equivaldría en algunos casos a trescientos euros. Dado que las malformaciones parecían ocasionadas por defectos genéticos, los pastores estaban preocupados por si el público descubría la situación y conseguía conocimiento del nacimiento de los corderos ciclópeos, ya que esto asustaría a la gente y pondría en riesgo el valor comercial del resto del ganado. Ante el mayúsculo desconcierto general y la gestación de una impresionante borrasca financiera y ganadera, el Departamento de Agricultura de los Estados Unidos de América intervino en la tesitura. En 1955, los investigadores gubernamentales comenzaron a analizar las misteriosas lacras genéticas, y lo primero que hicieron fue descartar la causalidad genética. Para ello, escogieron cuarenta y ocho ovejas que habían parido corderos malformados y las cruzaron con doce carneros normales, nacidos de aquellas mismas ovejas. Por supuesto, evitaron situaciones de endogamia. Si era un trastorno recesivo, el 100 % de las hembras y el 50 % de los machos portarían el determinante genético. Sin embargo, para sorpresa de todos, ninguno de los ochenta y ocho corderos nacidos de los esporádicos, involuntarios y forzados romances mostraron malformaciones. Los investigadores estaban aplastados por un estrato de interrogaciones, pero concluyeron que no era un trastorno hereditario.

Después de las primeras escaramuzas continuaron desorientados, lengüeteando con fastidio el enigma fresco que prosperaba en las praderas de Idaho. Dadas las escasas conclusiones certeras alcanzadas y la pila de incógnitas por descifrar, decidieron reorientar la atención, apostando por la implicación de posibles factores ambientales. La frecuencia episódica que acompañaba al alumbramiento de los cíclopes lanares y de las otras categorías de deformes ovinos proporcionó pistas al respecto. La primera era que los rebaños afectados habían pastado en zonas situadas entre los 1.800 y los 3.000 metros de altitud durante la época de reproducción. La segunda era que, en general, las malformaciones surgían dentro de las primeras dos o tres semanas de la temporada de parto. Estas observaciones sugerían que el desconocido y diabólico agente causal estaba presente en los prados alpinos, y que los fetos eran susceptibles por un corto periodo de tiempo, lo que insinuaba la enorme probabilidad que la comparecencia del maléfico fuera breve y que estuviera relacionada con el comienzo de la temporada de cría de las ovejas, ubicando la aparición del diablo en agosto o principios de septiembre. Durante siete años, los especialistas Wayne Binns, James Shupe y Lynn F. James, junto con otros compañeros, analizaron los elementos minerales y vegetales de las demarcaciones de pastoreo implicadas. No encontraron nada inusual en la composición mineral. En suma, la alimentación de los animales con los típicos pastos locales y con

Detalle de *Veratrum californicum* [Thomas Kreulen].

las plantas nativas de las regiones elevadas de Idaho, como la cebolla salvaje o cebolla de montaña del Pacífico (*Allium validum*), no reprodujeron las deformidades y los defectos en el desarrollo de los corderos. Sin embargo, un estudio concurrente con ratas preñadas y flora alpina demostró que el eléboro falso de California (*Veratrum californicum*) causaba reabsorción fetal. También fue observada letalidad embrionaria en ovejas preñadas que habían sido alimentadas con esta planta nativa de los prados alpinos de las montañas del suroeste de Norteamérica. Cuando la ingestión materna del *Veratrum californicum* era escasa o breve, las ovejas parían crías con defectos congénitos, lo que proporcionó la primera evidencia de que una sustancia teratógena presente en la planta era la responsable de originar los corderos ciclópeos.

El Departamento de Agricultura de los Estados Unidos de América transportó cuarenta y ocho ovejas preñadas al Bosque Nacional de Salmon-Challis para que pastorearan en la formación de Muldoon Canyon, conocida por preservar fósiles del periodo carbonífero y por tener poblaciones abundantes de *Veratrum californicum*. Ocho de las ovejas parieron corderos con anomalías craneofaciales. Todas las ovejas criadas y no alimentadas con *Veratrum californicum* parieron corderos normales. Después, la manutención con *Veratrum californicum*, seca o fresca, facilitada a 148 ovejas preñadas, confirmó que la ingesta de la planta era suficiente para interrumpir el desarrollo fetal. El misterio parecía resuelto, pero acuciaba encontrar cual era la sustancia responsable. Así, el Departamento de Agricultura de los Estados Unidos de América, tras poner patas arriba a la planta y expurgar todo lo que podía esconder la *Veratrum californicum*, cristalizó, purificó e identificó tres alcaloides presentes en el vegetal que tenían relación con la actividad teratogénica. Eran la jervina y dos metabolitos desconocidos que fueron denominados alcaloides v y x. Tiempo después, los alcaloides v y x fueron nombrados como ciclopamina y cicloposina, en alusión a su implicación en la ciclopía de los corderos. La ciclopamina es el principal agente teratogénico de la *Veratrum californicum*. Estudios posteriores con la ciclopamina determinaron que tiene capacidad específica para suprimir el gen hedgehog (Hh) de la vía de señalización Hedgehog, esencial para el desarrollo del organismo. Esta característica otorga a la ciclopamina potencial terapéutico como agente para el tratamiento de diversos tipos de cáncer, como el carcinoma de células basales, el rabdomiosarcoma o el meduloblastoma, ejemplificando el papel impredecible pero intrínseco que posee la ciencia básica.

Desde luego, pocos podían imaginar que una molécula asociada a la aparición de lanudos monstruos cíclopes hace setenta años en Idaho, inspiraría nuevas terapias clínicas contra el cáncer, posibilitando el desarrollo de fármacos como el Vismodegib (Erivedge®) y el Sonidegib (Odomzo®), destinados a tratar el carcinoma de células basales metastásico sintomático y el carcinoma de células basales localmente avanzado de pacientes que no son candidatos a cirugía o a radioterapia.

📖 PARA LEER MÁS:

- Athanassiou, Athanassios. (2019). Pleistocene insular Proboscidea of the Eastern Mediterranean: A review and update. *Quaternary Science Reviews* 218: 306-321.
- Hurst, Mary Jane. (1994). Tolstoy's Description of Tourette Syndrome in Anna Karenina. *Journal of Child Neurology* 9 (4): 366-367.
- Lee, Stephen. (2014). Cyclopamine: From Cyclops Lambs to Cancer Treatment. *Journal of agricultural and food chemistry* 62 (30): 7355-7362.
- Marmion, VJ. (2002). The death of Claudius. *Journal of the Royal Society Medicine* 95 (5): 260-261.
- Romano, Marco. (2017). The skeletons of Cyclops and Lestrigons: misinterpretation of Quaternary vertebrates as remains of the mythological giants. *Historical Biology* 31 (2): 117-139.
- Spinello, Chiara. (2016). Pediatric Autoimmune Disorders Associated with Streptococcal Infections and Tourette's Syndrome in Preclinical Studies. *Frontiers in neuroscience* 10: 310.

Sirenas

«¿Cómo se puede comprar o vender el cielo o el calor de la tierra? Si nadie puede poseer la frescura del viento ni el fulgor del agua, ¿cómo es posible que usted se proponga comprarlos?». Así respondió el jefe Si'ahl, caudillo de las tribus suquamish y duwamish, a la taimada oferta que Franklin Pierce, decimocuarto presidente de los Estados Unidos de América, realizó en 1855 para comprar los territorios que ocupaban las tribus amerindias lideradas por Si'ahl. Ese mismo año, el gobernador Isaac Stevens y representantes de las comunidades tribales duwamish, suquamish, snoqualmie, snohomish, lummi, skagit y swinomish firmaron el Tratado de Point Elliott, para establecer las reservas indias de Port Madison, Tulalip, Swinomish y Lummi en el territorio de Washington.

Pocos años antes, Franklin Pierce había alcanzado la presidencia de manera inesperada, imponiéndose al general Winfield Scott, quien en 1838 fue designado para encabezar la operación de migración forzosa de los indios cheroquis al estado de Oklahoma. El calamitoso destierro fue conocido como Sendero de lágrimas, y estuvo determinado por la presencia constante de la disentería y de otras enfermedades infecciosas que salpicaron el polvoriento exilio cheroqui con cientos de muertes. Lo cierto es que la candidatura de Pierce tuvo el inestimable respaldo literario de Nathaniel Hawthorne, amigo y autor de la admirable novela *La letra escarlata.* Hawthorne fue el principal culpable del ascenso popular de Pierce, por la redacción y publicación de una edulcorada biografía del aspirante a presidente.

El novelista estadounidense Nathaniel Hawthorne en 1860.

A pesar del triunfo presidencial, la vida familiar de Franklin fue amarga y estuvo marcada por los periodos depresivos de su esposa; la muerte del primogénito a los pocos días de nacer, en febrero de 1836; el fallecimiento del segundo hijo por tifus en 1843, cuando contaba tan solo cuatro años de edad; el deceso accidental del hijo menor, pocas semanas antes de tomar posesión del cargo de presidente de los Estados Unidos de América, en marzo de 1853; y la adicción longeva y desmesurada que Franklin Pierce mantuvo con el whisky y otros licores, amantes quitapenas embotellados en damajuanas de cristal, con los que coqueteó a diario y que le propinaron una contundente y fatal cirrosis hepática.

Tras la propuesta de compra de los territorios tribales, el jefe Si'ahl dirigió a Franklin Pierce un supuesto discurso que ha sido respetado y admirado durante generaciones, aunque todo apunta a que el hecho no es verídico. Por contra, el legado de Si'ahl como guerrero, orador, negociador y conciliador es veraz e innegable. Fruto de sus aptitudes sociales, el jefe Si'ahl estableció amistad con un hombre de negocios pionero llamado David Swinson Maynard, conocido por el apelativo de Doc Maynard, y apreciado por ser uno de los fundadores del primigenio asentamiento de Duwamps. Consecuencia de la férrea confraternidad surgida entre el empresario y el líder indio, Maynard persuadió a los colonos de Duwamps a que, en honor al jefe Si'ahl, canjearan el nombre de la localidad por el de Seattle. Los habitantes accedieron y el nuevo nombre quedó ligado al dinámico municipio.

Con el transcurso de los años, la ciudad creció y perduró. En la actualidad, Seattle es la ciudad más grande del estado de Washington y de la región noroeste de la costa norteamericana del Pacífico. La condición portuaria de la urbe y los extensos recursos naturales y minerales cercanos facilitaron el desarrollo económico y social de la ciudad desde mediados del siglo XIX. En aquel tiempo comenzó a prosperar en Seattle el negoció del café, que permitió abrir el Seattle Tea and Coffee en el mercado de Pike Place, encomiado por ser uno de los mercados más antiguos de Norteamérica.

En parte, el impulso social al café como bebida caliente popular en los Estados Unidos de América estuvo motivado por el Motín del té ocurrido el 16 de diciembre de 1773 en Boston, y planeado en la conspicua Taberna del dragón verde. La revuelta aconteció como acto de protesta de los colonos americanos contra Gran Bretaña, por las medidas promulgadas para beneficiar a la Compañía Británica de las Indias Orientales. Después del suceso, muchos estadounidenses consideraron que beber té no era patriótico, y en consecuencia aumentó drásticamente el consumo de café.

Hoy en día, la industria del café tiene gran repercusión ciudadana y financiera en Seattle. El negocio cafetero bombea a diario el líquido amargo por las arterias de los lugareños y de la urbe, proporcionando vitalidad y lucro al municipio. A nivel mundial, Seattle ocupa los primeros puestos de una curiosa clasificación cafetera basada en criterios como el

Litografía que representa el Motín del té, por Nathaniel Currier, 1846.

gasto de café por hogar; el porcentaje de consumidores adultos de café; el precio del café; la densidad y cantidad de cafeterías de lujo que pueblan la ciudad; o los fabricantes de café per cápita. En este sentido, numerosas e importantes empresas tostadoras de café como Torrefazione Italia, Victrola Coffee Roasters, Fremont Coffee Company, Fonté Coffee Roasters, Caffè Umbria, Zoka Coffee Roaster, River Trail Roasters, Herkimer Coffee, Seattle Coffee Works y Lighthouse Roasters tienen la sede en Seattle. Además, la ciudad de Seattle es la cuna de famosas cadenas minoristas de café como Espresso Vivace, Caffè Vita Coffee Roasting Company y Starbucks Corporation. La compañía Starbucks abrió el primer establecimiento el 30 de marzo de 1971 y ha llegado a convertirse, con 15.000 tiendas distribuidas en cincuenta países, en el principal tostador y minorista de especialidades de café del mundo. El nombre de la empresa está inspirado en Starbuck, el contramaestre del Pequod, barco ballenero que en la novela *Moby Dick* de Herman Melville estaba comandado por el fanático y obsesionado capitán Ahab.

Herman Melville fue un escritor, ensayista, poeta, marinero, profesor, crítico literario y novelista estadounidense, que de joven vagabundeó entre barcos balleneros que surcaban el océano Pacífico y convivió con caníbales en la ínsula Nuku Hiva, situada al norte del archipiélago de las islas Marquesas en la Polinesia Francesa. Algunos años después de la estancia de Melville en Nuku Hiva, la viruela fue introducida en la isla por marineros moribundos enrolados en el barco francés Diamant. La epidemia diezmó la población y extendió tentáculos hacia las islas del noreste del archipiélago, pacificando los territorios, disminuyendo los casos de canibalismo y facilitando la gobernación francesa. De hecho, algunos autores atribuyen a enfermedades infecciosas como la viruela, la lepra, la fiebre tifoidea o la tuberculosis el manso dominio francés y la dramática despoblación que soportó la Polinesia Francesa durante el siglo XIX.

Mucho antes de surcar la aventura por los mares del sur, a la crédula edad de siete años, Herman contrajo escarlatina. En ese momento, Allan Melville, el padre de Herman, describió que el retoño estaba muy retrasado en el habla y algo lento en la comprensión, por lo que nadie esperaba que sufriera metamorfosis a genio literario. Es posible que la enfermedad sumiera a Herman en un ligero atontamiento temporal. La escarlatina o fiebre escarlata es causada por bacterias denominadas estreptococos del grupo A. Estos microorganismos son capaces de liberar exotoxinas pirogénicas, que provocan enrojecimiento de la lengua y erupción cutánea en forma de sarpullido rojo brillante en la mayor parte del cuerpo. La enfermedad cursa con dolor de garganta y fiebre alta, pero si no se trata puede producir complicaciones en pulmones, riñones, oído medio, amígdalas y piel. Incluso puede derivar en afecciones graves como la fiebre reumática o una bacteriemia. Herman Melville consiguió superar la afección, que en aquella época causaba estragos en la población infantil europea y estadounidense. Rebasado el trance y conquistada la edad adulta, Melville estuvo empeñado en alcanzar la fama literaria. En 1850 compró Arrowhead, una granja del siglo XVIII ubicada en Pittsfield, en el condado de Berkshire (Massachusetts) a pocos kilómetros de la residencia del escritor Nathaniel Hawthorne. Ese mismo año, Hawthorne publicó *La letra escarlata*, obra cumbre del escritor. El primer encuentro entre vecinos tuvo lugar el 5 de agosto de 1850, al refugio de la vigorosa tormenta veraniega que sorprendió a los literatos mientras realizaban una excursión sin pretensiones en Stockbridge. Los escritores congeniaron. En los siguientes meses mantuvieron correspondencia fluida; intensa amistad con predisposición perecedera; admiración profesional; y tertulias nocturnas regadas con brandy, en las que Melville compartía ideas e inquietudes sobre la composición de la obra que estaba escribiendo y que él, *a porta gaiola*, sacramentó como *La ballena.* Consecuencia de todo ello, al inicio de la novela *Moby Dick*, Herman Melville escribió: «En señal de admiración a su genio este libro está dedicado a Nathaniel Hawthorne». Pocos días después de la publicación británica de *Moby Dick* nació Stanwix Melville, el segundo hijo del escritor. Stanwix murió de tuberculosis el 22 de febrero de 1886 a la edad de treinta y cuatro años. Ese hecho devastó a Herman y propició la retirada prematura del escritor.

Los fundadores de Starbucks utilizaron el personaje creado por Melville para pretender evocar el romanticismo de alta mar y la tradición marítima de los primeros comerciantes de café. Sin embargo, el nombre no era suficiente, necesitaban un logotipo potente y atractivo. El desafío fue encargado a Terry Heckler, que para crear el reconocible logo de Starbucks, buscó inspiración en algún personaje relacionado con el mar. El diseño final estuvo cimentado en la imagen de una sirena de doble cola. El logotipo triunfó entre los consumidores. La compañía insiste en que el emblema está basado en un grabado en madera de origen nórdico fechado en el siglo XVI. Sin embargo, algunos descreídos, como Michael Krakovsky, abogan que la imagen original que utilizó Starbucks en el distintivo empresarial es calcada a una figura encontrada en la edición inglesa del Diccionario de los símbolos, publicada en 1968 y escrita por el poeta, mitólogo, músico y crítico español Juan Eduardo Cirlot Laporta. La verdad es que si no son mellizas, algún parentesco apuntan porque el parecido entre las dos figuras es sorprendente, sospechoso e inequívoco. Las dos sirenas presentan la misma disposición; el mismo patrón en las escalas; idéntica forma curva de sus dos colas; ambas muestran los senos al descubierto y están coronadas por una corona similar; e incluso exhiben el mismo tipo de barriga. La sirena de doble cola de Cirlot proviene de la obra *Das Buch von einer Frauen genannt Melusina*, un libro alemán con ilustraciones de lujo e impreso en 1480 en Augsburgo por Johannes Bamler. El impresor introdujo la imagen de la sirena en una genealogía del libro, porque el romance de Melusina es en esencia el mito del origen de la Casa de Lusignan, cuyos herederos llegaron a ser reyes de Jerusalén y de Chipre.

Melusine o Melusina es un hada joven, con la piel muy blanca, dotada de gran belleza y encantada con una maldición que la convierte cada sábado en una serpiente de cintura para abajo. En realidad, Melusine es una figura mitológica europea creada posiblemente al auspicio de varios

Fotografía del dramaturgo noruego Henrik Johan Ibsen, considerado el padre del drama realista moderno. Ibsen influyó en autores como Oscar Wilde, James Joyce o Arthur Miller, y fue nominado al Premio Nobel de Literatura en 1902, 1903 y 1904.

textos escritos durante la Edad Media, entre los que destaca el ciclo literal artúrico donde son narradas las historias sobre Camelot, Merlín y la leyenda del rey Arturo, y que han sido recogidos en la *Materia de Bretaña.* En general, Melusine es representada como una mujer con cola de serpiente o bien como una sirena.

Las sirenas son seres legendarios, a menudo asociados a inundaciones, naufragios y ahogamientos. En muchas ocasiones son representadas como insaciables devoradoras de marineros candorosos; criaturas peligrosas y seductoras; melódicas y tentadoras; huidizas y escamosas. De hecho, Homero, en su canto XII del poema épico de la *Odisea,* describe cómo Ulises escapa del canto truculento de las sirenas que intentaban enloquecer y atraer a los marinos hacia un agónico final. En 1909, inspirándose en ese episodio, el artista victoriano Herbert James Draper pintó el óleo de *Ulises y las sirenas,* en el que aparecen tres bellas mujeres abordando un frágil navío en el que Ulises está amarrado al mástil. Otros artistas contemporáneos también han representado a las sirenas como seres atractivos y delicados. Algunos ejemplos son los de Howard Pyle, autor de la obra *La sirena,* expuesta en el Delaware Art Museum; John Reinhard Weguelin, que pintó sirenas en varios cuadros; Isobel Lilian Gloag, creadora de la acuarela *El caballero y la sirena,* inspirada en el poema *Lamia* de John Keats; Iliá Repin, que dibujó sirenas en *Sadkó en el Reino Subacuático*; o el inconmensurable Edvard Munch, que tituló *Sirena* a la primera obra decorativa que produjo y en la que muestra una figura seductora que, durante el proceso de transformación en mujer, descansa un instante en una cala iluminada por la Luna. Munch pintó la obra influido por *La dama del mar,* obra teatral en cinco actos que comienza con una escena de un artista pintando una sirena en el agua salobre de la costa, y que fue escrita por el gran dramaturgo noruego Henrik Johan Ibsen. Por otra parte, en 1250, el filósofo Richard de Fournival describió el canto fatal que poseían las sirenas. Sin embargo, en el tratado medieval *Hortus Sanitatis,* publicado por Jacob Meydenbach en Alemania en 1491, las sirenas aparecen en la sección «De Piscibus», consideradas como animales mortales de figura femenina, facciones horrorosas y con la capacidad de amamantar a las crías. Otros manuscritos medievales como el *Der naturen bloeme* (*La flor de la naturaleza*), del poeta neerlandés Jacob van Maerlant, destaca a los *homines monstruosi* como razas extrañas de caníbales y cíclopes que habitaban en tierras lejanas, y también considera a las sirenas como singulares criaturas marinas. En 1585, Ambroise Paré, cirujano francés y médico de cámara de los reyes Enrique II, Francisco II, Carlos IX y Enrique III, produjo la obra *On Monsters and Marvels*, una enciclopedia ilustrada que intentaba mostrar los defectos de nacimiento con curiosos dibujos basados en seres aberrantes y bestias insólitas, incluidas representaciones de sirenas, tritones y monstruos marinos. Paré es considerado el padre de la cirugía, la sanidad militar, la teratología y la anatomía. Entre las innovaciones que introdujo Paré, son destacables las técnicas para la extracción de proyectiles, el empleo de tubos para drenar abscesos y la ligadura de las arterias para reducir las hemorragias. Por contra, el cirujano apoyó la equivocada teoría de la generación espontánea, sosteniendo que en la viña cercana a Meudon que poseía, había observado aparecer sapos vivos del interior de una piedra.

Durante el final de la Edad Media y el Renacimiento, las sirenas seguían ejerciendo protagonismo en textos y narraciones. Esta situación pudo estar relacionada con las expediciones europeas que inspeccionaron las costas atlánticas africanas durante los siglos XIV y XV, y que originaron nuevos e inesperados encuentros con grandes y extraños mamíferos marinos, avivando de este modo las fábulas relacionadas con las sirenas. Parece evidente, que alguno de estos avistamientos tuvo como protagonista al manatí de África occidental (*Trichechus senegalensis*). El manatí africano es un mamífero herbívoro que habita desde Senegal hasta Angola, y que fue descrito como una nueva especie animal por el naturalista Johann Heinrich Friedrich Link en 1795. El género *Trichechus* contiene otras dos especies, el manatí amazónico (*Trichechus inunguis*) y el manatí antillano (*Trichechus mana-*

tus). En este sentido, Cristóbal Colón escribió en su diario personal que mientras navegaba el 8 de enero de 1493 por la costa de La Española, isla del mar Caribe que hoy acoge los estados soberanos de República Dominicana y Haití, vislumbró tres sirenas desde la proa del barco. Las tres formas femeninas surgieron del mar hasta elevarse sobre el océano, pero no eran hermosas, y presentaban rostros que detentaban contundentes rasgos masculinos. Lo más probable es que Colón y su tripulación avistaran tres manatíes antillanos, los cuales fueron transformados en espléndidas sirenas gracias al cansancio acumulado en el viaje, los cánones de belleza femeninos que predominaban en la época, los mitos arraigados en la incultura de los marinos y la continencia sexual ultramar de los marineros. En los años siguientes, la llegada masiva de expediciones al nuevo mundo aumentó el número de encuentros con manatíes, y pronto las noticias sobre la existencia de estos animales fueron difundidas por naturalistas europeos. Las tres especies de manatíes y la única especie de dugongo que sobreviven en la actualidad son englobados en el orden Sirenia, que fue descrito en 1811 por el zoólogo y entomólogo alemán Johann Karl Wilhelm Illiger. Sirenia en griego antiguo significa sirena. De facto, en el este de Malasia, el dugongo es conocido localmente como *duyung*, un término que equivale a sirena. A 4.800 kilómetros de Malasia en dirección sureste, encontramos la isla de Papúa Nueva Guinea, donde en las décadas de 1960 y 1970, las historias locales mencionaban a una criatura mágica marina llamada Ri que, para asombro local, exhibía forma humana en la mitad superior del cuerpo y cola de pez en la mitad inferior. Ri era una sirena.

El antropólogo Roy Wagner cayó hechizado por el relato, y en 1983, en compañía de Richard Greenwell, realizó una pequeña expedición para aclarar la situación. Los aldeanos condujeron a Wagner y a Greenwell hasta la pequeña bahía de un pueblo de difícil acceso denominado Nokon, ubicado en la costa sureste de Nueva Irlanda, con la promesa de que desde allí conseguirían divisar a Ri. La bahía, que apenas superaba los 450 metros de ancho, estaba custodiada por chozas de paja salpicadas en la playa y por dos ostentosos arrecifes de coral, que acotaban los flancos y delimitaban la plancha de agua impregnada de un color azul turquesa portentoso. Sin duda, el hogar ideal para una sirena.

Los paisanos avisaron a los expedicionarios de que en la bahía moraba Ri y otro compañero, al que llamaron Ilkai. Por tanto, había dos sirenas en lugar de una, pero la descripción de los aldeanos incitaba a creer que los misteriosos seres eran en realidad algún tipo de mamífero. Con esa idea Wagner y Greenwell acecharon a diario la ensenada, hasta que de repente, una mañana, los cazadores de monstruos avistaron con los binoculares un cuerpo rompiendo la superficie marina. Era oscuro, delgado, elegante, flexible y mostraba movimientos gráciles. No tenía aleta en la espalda. Tan pronto como apareció, volvió a desaparecer, sumergido en la lámina plana del océano. Tras diez minutos de tensa espera, la nereida emergió de nuevo, esbelta y magnífica. En pocos segundos desapareció buceando. Patidifusos y con la mandíbula a la altura de los tobillos, Wagner y Greenwell espabilaron a los pocos segundos y aferraron un bote para remar en dirección al prodigio. No fue suficiente, y después de un rato, con los brazos acalambrados y macerados en sudor, perdieron de vista a la criatura. La sirena no apareció más.

En 1985, un segundo equipo dirigido por Thomas R. Williams regresó a la bahía de Nokon. Estaban preparados para profundizar en el misterio, provistos de equipos de buceo, cámaras de fotografía submarina y una embarcación de veinte metros. Los nuevos fisgones llegaron apabullando y con hambre de éxito. Con la suerte que administra la perseverancia, al poco probaron un pastelito de gloria. El grupo avistó a la enigmática figura en la superficie del agua y minutos después un segundo ejemplar apareció en la gala. Quizás, por cuestión de educación, salieron a saludar y a conocer a los nuevos visitantes. Los animales eran extrañamente hermosos. Las personas locales confirmaron la identidad. Los amables anfitriones que contemplaban eran una familia de sirenas que estaba empadronada en la bahía. Los buzos entraron en el mar. Nerviosos y solícitos, fotografiaron a los sirénidos bajo el agua. En los días venideros, las cámaras sumergidas una y otra vez capturaron imágenes de los seres comiendo plantas a lo largo del fondo de la bahía. Por desgracia, después de varias jornadas encontraron muerta a una de las criaturas. Acto seguido, el misterio quedó diluido en los líquidos de revelado de los carretes fotográficos. Las imágenes captadas, sumadas a las pruebas recogidas y a la palmaria morfología del cuerpo inerme de uno de los especímenes, confirmaron el veredicto. No había sirenas en la bahía de Nokon. Ri e Ilkai eran dugongos.

El dugongo es un mamífero herbívoro catalogado como especie vulnerable por la Unión Internacional para la Conservación de la Naturaleza (UICN). La contaminación ambiental, la pesca y la destrucción de los hábitats en los que reside sitúan al animal en riesgo de extinción. La relación entre el dugongo y el ser humano es arcaica y así lo confirma un mural de 5.000 años de antigüedad encontrado en 1959 por el teniente R. L. Rawlings en la cueva Tambun de Ipoh, en Malasia. En la pintura, realizada en teoría por pueblos neolíticos, aparece la representación evidente de un dugongo. Por otra parte, el antropólogo Asbjørn Jøn considera que múltiples civilizaciones a lo largo de la historia han desarrollado una cultura establecida en torno al encuentro y a la caza de dugongos, lo que posibilitó una fuente de inspiración natural para crear leyendas sobre sirenas. Así, durante el Renacimiento y el Barroco, estos animales eran expuestos, a veces como presuntas sirenas, en los cuartos de maravillas o gabinetes de curiosidades, que eran espacios en los que los burgueses y aristócratas europeos exponían colecciones de objetos exóticos provenientes de expediciones naturales, arqueológicas, geológicas o etnográficas. Estas colecciones fueron las precursoras de muchos museos actuales. De hecho, en España, el Real Gabinete de Historia Natural, creado en 1752 por el marqués de la Ensenada, junto con el Real Gabinete de Historia Natural, instaurado por Carlos III el 17 de octubre de 1771, son el origen del Museo Nacional de Ciencias Naturales, el Museo de América y el Museo Arqueológico Nacional. En realidad, hubo muchos, pero

Un ejemplar de dugongo bucea en el mar Rojo [I. Scadi].

que me parta un rayo si uno de los gabinetes de curiosidades más famosos del siglo XVII no fue el del erudito jesuita alemán Athanasius Kircher, a quien están atribuidos diversos inventos mecánicos como autómatas o el primer megáfono. Además, en 1658 Kircher publicó *Scrutinium pestis*, donde efectuó notables acercamientos al estudio de enfermedades infecciosas como la peste.

Con el tiempo, poco a poco, los cuartos de maravillas fueron desmembrados y desaparecieron. Sin embargo, en 1841 el empresario Phineas Taylor Barnum, célebre por crear el Ringling Brothers and Barnum & Bailey Circus, considerado el circo estadounidense más grande y famoso de todos los tiempos, adquirió el Scudder's American Museum neoyorkino. Nostálgico y avispado, Barnum transformó el Scudder's American Museum en el exitoso Barnum's American Museum, recobrando el espíritu de los trasnochados gabinetes de curiosidades. El museo de Barnum mezclaba la exposición de instrumentos científicos y curiosidades naturales con la presencia de figuras de cera y animales vivos; la impartición de conferencias; y la celebración de espectáculos de monstruos. Un año después de la apertura, el Barnum's American Museum exhibió, ante los atónitos habitantes de Nueva York, a la Sirena de Fiyi, una pequeña sirena que presuntamente había sido capturada por un pescador japonés cerca de las islas Fiyi en el Pacífico Sur.

Según parece, inconsciente de la maravilla pescada, el pescador vendió la sirena a un marinero japonés, que a su vez la traspasó en 1817 por un precio desorbitado a Samuel Barret Edes, un capitán de barco estadounidense. Edes transportó el espécimen seco hasta Londres. Allí, la posesión de la criatura provocó un litigio entre Edes y la compañía para la que trabajaba. Ganó el capitán que mantuvo la propiedad de la sirena. En Londres, preservada en una cúpula de cristal, la sirena fue exhibida en el otoño de 1822 ante cientos de personas que a diario pagaban un chelín para descubrir la apariencia que tenía el eslabón perdido entre el ser humano y el pez. Todos pensaban que la criatura era genuina, pero un examen detallado del conservador William Clift, en el Real

Colegio de Cirujanos, reveló que la sirena era falsa y que en realidad la mitad superior del engendro correspondía a la cabeza de un babuino y al torso de una hembra de orangután, que habían sido cosidos con habilidad al cuerpo de un tiburón descabezado a nivel de las branquias. La decepción fue mayúscula. Cuando el capitán Edes murió, la sirena impostora fue la única herencia que percibió el hijo que, desmotivado y horrorizado por el legado, la vendió en 1842 a Moses Kimball, del Museo de Boston. La primavera de ese año, Kimball concertó una entrevista con Barnum y viajó a Nueva York para mostrar la pequeña sirena. El 18 de junio los trileros llegaron a un acuerdo para enterrar la información sobre la naturaleza del objeto y explotar la atracción. Kimball arrendó la recalificada sirena por 12,5 dólares semanales y Barnum bautizó a la nueva estrella como la Sirena de

Cartel anunciador del circo del empresario estadounidense Phineas Taylor Barnum.

Fiyi. De inmediato Barnum *panfleteó* la ciudad con la noticia, transmitiendo la extravagante adquisición a la prensa sensacionalista local, que hechizada por la novedad, no tardó en despertar el interés místico de los ciudadanos con comunicaciones populacheras. La Sirena de Fiyi quedó convertida en la gallina de los huevos de oro durante años. Por desgracia, el museo de Barnum sufrió dos devastadores incendios el 13 de junio de 1865 y el 3 de marzo de 1868. Gran parte del muestrario estrafalario de Barnum ardió y desapareció en ambas tragedias, incluida la Sirena de Fiyi. Algunas personas aseguran que los ejemplares descubiertos en 1977 en el Museo Peabody y en 1988 en un ático doméstico inglés de Southend podrían ser la Sirena de Fiyi de Barnum. Sin embargo, lo cierto es que muchos museos y colecciones privadas de Europa y América poseen piezas similares, conocidas con asiduidad como sirenas de Fiyi, que están asociadas con una práctica usual originada en el folclore japonés, que consistía en simbolizar unas criaturas asimilables a las sirenas y denominadas *ningyo*; representar espíritus mitológicos del agua; o simplemente construir engaños quiméricos, uniendo porciones de monos a peces para después venderlos a exploradores y viajeros novicios e inexpertos. Desde luego, las sirenas están arraigadas en Japón. De acuerdo con una leyenda nipona, el 14 de abril de 1222 arribó una sirena a la costa en la bahía de Hakata, en la isla japonesa de Kyushu. La llegada de la sirena fue declarada buen presagio para la nación, y el cadáver se enterró en el templo de Ukimido. Hoy, seis de los huesos permanecen en el santuario que ha sido renombrado como templo Ryuguji. La morfología y apariencia de los restos autorizan a sospechar que pertenecieron a una marsopa negra (*Neophocaena phocaenoides*). La marsopa negra es una especie de pequeño cetáceo odontoceto habitual en el entorno marino japonés y que carece de aleta, por lo que en determinadas situaciones de sugestión puede parecer un cuerpo humano con cola de pez.

Estudios recientes, basados en radiografía de rayos x y tomografía computarizada, han permitido descubrir que algunos ejemplares de sirenas conservadas en centros como el Museo Horniman de Londres han sido ensambladas internamente con secciones de madera, clavijas de bambú y estructuras de alambre, que demarcan la columna vertebral y configuran los antebrazos y las manos. Además, diversas capas de tela suelen ser adicionadas para disimular la costura entre el pez y el simio. De este modo, las modernas tecnologías de captación de imágenes han contradicho las interpretaciones históricas y han contribuido con prestancia a la comprensión del proceso constructivo de las sirenas de bazar.

Falsa sirena conservada en el Booth Museum of Natural History de la localidad inglesa de Brighton and Hove. El museo es conocido por atesorar una colección de aves disecadas y por poseer un falso sapo momificado, dentro de un nódulo hueco de sílex que fue presentado por el británico Charles Dawson, arqueólogo aficionado conocido por desarrollar prácticas embusteras y tramposas. En 1912, Dawson presentó a la sociedad el fraudulento hombre de Piltdown, aduciendo que los restos que había encontrado pertenecían a un ser humano primitivo desconocido para la ciencia.

A pesar de todo, datos históricos basados en arqueomitología apoyan la idea de que algunas mujeres híbridas semejantes a sirenas fueron veneradas hace 4.500 años en Europa y en Antalya, arcaica ciudad situada en la costa mediterránea del suroeste de Turquía. La teoría más aceptada es que aquellas criaturas eran individuos afectados por sirenomelia, deformidad congénita poco frecuente que afecta a 1 de cada 60.000 nacimientos, y cuya característica principal es la fusión de las extremidades inferiores conformando apariencia de cola de sirena. En general, la malformación severa es letal, pero existen tres variantes conocidas, en función del grado de unión de los miembros. En la variante symelia apus desaparecen los pies y las extremidades están completamente fusionadas presentando un único fémur y una sola tibia. En el grado denominado symelia unipus, un pie está presente o aparece una fusión parcial de los dos pies, pero existen dos fémures, dos tibias y dos peronés. Por último, en la variante symelia dipus, la más benigna, la fusión de las extremidades está extendida solo hasta los tobillos, existen los músculos de ambas piernas y los dos pies están presentes, pero unidos ofreciendo la apariencia de aleta que origina el nombre de feto sirena para esta condición. La causa exacta que provoca la sirenomelia es desconocida, aunque es probable que sea un trastorno multifactorial, por lo que algunos autores apuntan a una combinación de patologías embriológicas, exposición a agentes teratógenos, diabetes materna, síndrome de regresión caudal y déficits nutricionales, entre otros.

En el siglo XXI las sirenas continúan atrayendo nuestra atención. La estatua de bronce de *La sirenita*, inspirada en el cuento de hadas de Hans Christian Andersen y localizada en el paseo Langelinie de Copenhague, es uno de los principales reclamos de la ciudad. La escultura fue encargada en 1913 por Carl Christian Hillman Jacobsen, hijo del fundador de la marca cervecera Carlsberg, al escultor Edvard Eriksen, que utilizó de modelos a su esposa y a la bailarina danesa Ellen Price. Por otra parte, cada año, en la atracción natural de Weeki Wachee Springs, en Florida, podemos asistir a representaciones subacuáticas de mujeres ataviadas con atuendos piscícolas interpretando a sugerentes sirenas. La atracción fue creada por Newt Perry, nadador especialista, promotor de espectáculos y asesor en las escenas acuáticas de las películas de Tarzán, protagonizadas por Johnny Weissmuller y producidas por la Metro-Goldwyn-Mayer. Las sirenas del parque de Weeki Wachee fueron utilizadas en la filmación de la película *Mr. Peabody and the Mermaid*, estrenada en 1948 e hilvanada a partir de una trama desencadenada después de la gripe sufrida por el protagonista. De todas formas, si alguien tiene interés en apresar una sirena, puede ir, el segundo sábado de agosto, a la villa marinera de San Cibrao en el municipio lucense de Cervo. Una vez en San Cibrao, entrada la noche, podrá partir sin disimulo de la playa gallega de O Torno, clamando cuernos y bocinas para capturar, entre bailes y festejos, a la Maruxaina, la sirena que vive en la cueva de Xan Vello en el islote de A Sombriza en el archipiélago de Os Faranllóns.

La «sirena» Frances Dwight, alimentando en 1948 a los peces de un espectáculo submarino en el Weeki Wachee Springs State Park (Florida).

📖 PARA LEER MÁS:

- Albouy, Camille. (2020). Global vulnerability of marine mammals to global warming. *Scientific Reports* 10: 548.
- Bondeson, Jan. (1999). *The Feejee Mermaid and Other Essays in Natural and Unnatural History*. Ithaca, New York: Cornell University Press
- Crerar, Lorelei. (2017). Illegal Trade of Marine Mammal Bone Exposed: Simple Test Identifies Bones of "MermaidIvory" or Steller's Sea Cow (*Hydrodamalis gigas*). *Frontiers in Marine Science* 3: 272.
- Dharmraj, Meena. (2012). Sirenomelia: A Rare Case of Foetal Congenital Anomaly. *Journal of Clinical Neonatology* 1 (4): 221-223.
- Jøn, Asbjørn. (2017). Dugongs, the Last Remaining Mermaids: Beast lore (Ecolore), Post-colonialism and Maritime Cultural Tourism in New Caledonia. *Australian Folklore* 32: 179-193.
- Lorenzo, Abel. (2019). Hijos del mar. La sirena en el mito fundacional de los Mariño (siglos XIV-XVII). *Cuadernos de estudios gallegos* 132: 177-201.
- Melville, Herman. (2016). *Cartas a Hawthorne*. La Uña Rota Ediciones. Traducción Carlos Bueno Vera.
- Romano, Stefania. (2006). Beyond the myth: The mermaid syndrome from Homerus to Andersen-A tribute to Hans Christian Andersen's bicentennial of birth. *European Journal of Radiology* 58: 252-259.

Almásy László y Zichy Nándor fotografiados el 21 de agosto de 1931 en el aeropuerto húngaro de Mátyásföld, apoyados sobre un avión biplaza del modelo de Havilland DH.60, que fue apodado la Polilla y que revolucionó la aviación general en la década de 1920.

Las diez plagas de Egipto

László Almásy fue un aviador, explorador, investigador y soldado austrohúngaro que en octubre de 1933 descubrió la Cueva de los nadadores, asombrosa cueva adornada con arte rupestre, que está ubicada en la meseta montañosa de Gilf Kebir, en la sección del desierto de Libia del Sahara. Entre 1929 y 1930, László Almásy, encarnado por el actor británico Ralph Fiennes en la galardonada película *El paciente inglés*, exploró el desierto de Libia junto con el geólogo y oficial militar Ralph Alger Bagnold. Ambos, motorizados en camiones Ford, buscaron sin éxito el mítico oasis de Zerzura. Consecuencia de las penosas experiencias masticando papilla de arena, Bagnold publicó en 1935 un libro de viajes titulado *Libyan Sands: Travel in a Dead World.* Cinco años después, durante la Segunda Guerra Mundial, Bagnold fundó el Grupo del Desierto de Largo Alcance (Long Range Desert Group, LRDG), una unidad del ejército británico de tierra especializada en el reconocimiento motorizado y en la navegación terrestre por el desierto. Para ejecutar la tarea, Bagnold estuvo asistido por los capitanes William Shaw y Patrick Clayton. Shaw, además de soldado y explorador del desierto, fue botánico y arqueólogo. Clayton era geógrafo y topógrafo, y años antes de que estallara la segunda gran guerra también cacheó la arena del desierto rastreando el oasis de Zerzura.

Clayton no encontró Zerzura, pero en diciembre de 1932, mientras transitaba corredores baldíos, entre las dunas largas y correosas, lamidas por el viento de la meseta de Saad,

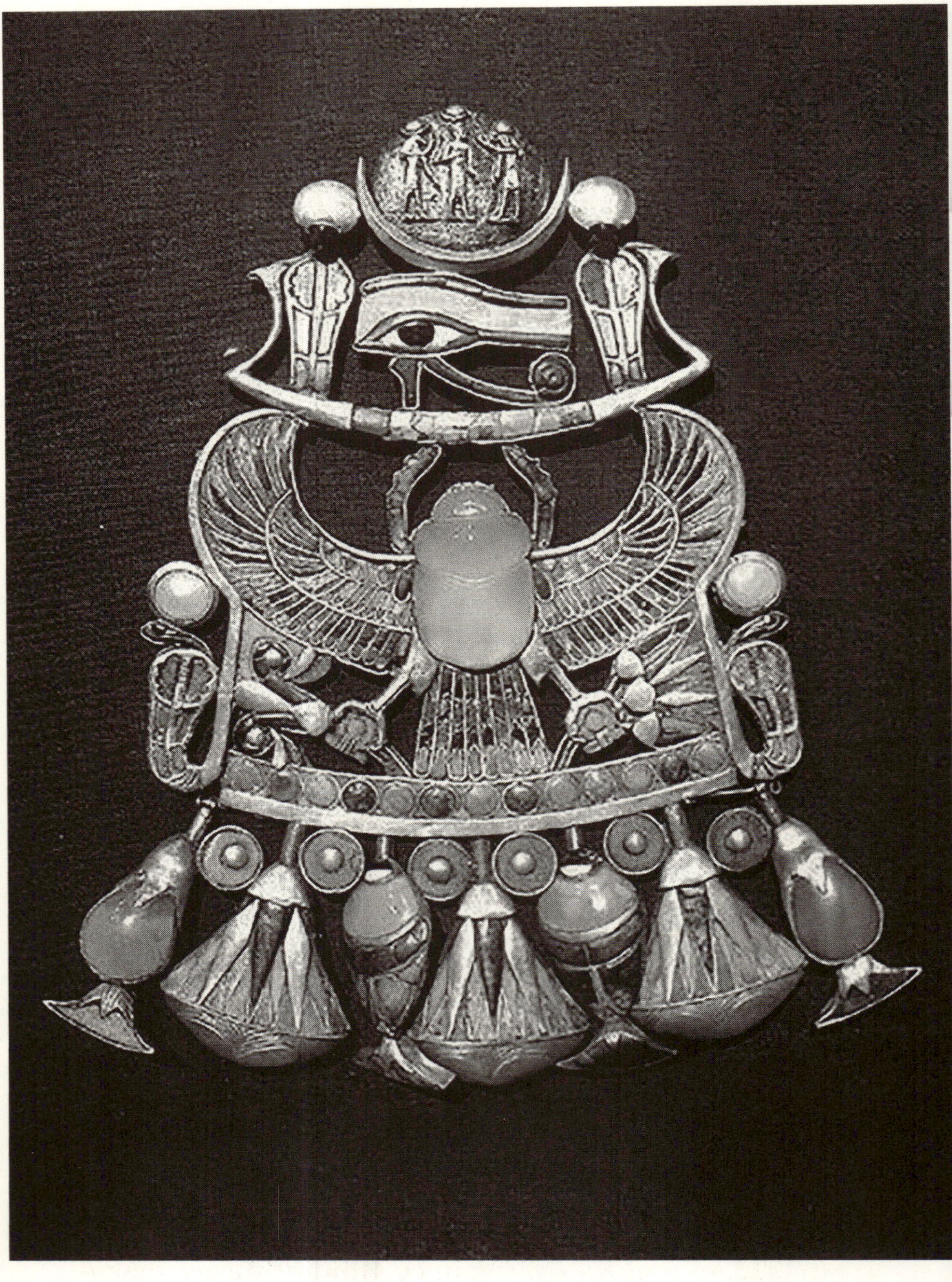

Pectoral del faraón Tutankamón con la joya de vidrio líbico esculpida en forma de escarabajo en el centro.

al sur del Gran mar de arena, vio encubiertos por las rocas carbonizadas del desierto varios pedazos de vidrio de un fabuloso color amarillo verdoso claro. Clayton marcó la localización y regresó varias veces en busca de más piezas maravillosas. Desde entonces, el material ha sido husmeado y hallado disperso por los canales, entre dunas del desierto occidental de Egipto, adyacente a la frontera con Libia, y ha recibido el nombre de vidrio líbico. Los fragmentos están esparcidos por un área alargada de unos 6.500 kilómetros cuadrados, aunque la distribución principal está limitada a poco más de 2.000 kilómetros cuadrados. El vidrio líbico tiene una edad aproximada de 28,5 millones de años, y la composición principal es dióxido de silicio (95,5-99 %), pero en ocasiones la concentración de impurezas es variable, y aparecen esferulitas blancas de cristobalita o compuestos de óxido de hierro que forman burbujas, inclusiones negras o parduzcas y rayas oscuras o marrones. El origen del vidrio líbico ha sido objeto de debate y se han propuesto diversas explicaciones sobre cómo fue creado. La presencia de reidita y del mineraloide lechatelierita en los fragmentos apunta a que fue formado por el impacto de un meteorito. La trinitita o vidrio de Alamogordo es una variante artificial de lechatelierita, que fue creada el 16 de julio de 1945 por la vitrificación de la arena del desierto de Alamogordo, tras realizar la prueba Trinity, la primera explosión en la historia de una bomba nuclear. En diciembre de 1996, en la misma zona ocupada por el vidrio líbico, Aly A. Barakat descubrió una piedra extraterrestre bautizada como Hipatia en honor a la brillante matemática y astrónoma Hipatia de Alejandría. Hipatia contiene diamantes microscópicos y presenta una composición química inusual, que ha avivado especulaciones relacionadas con que la roca podría ser el primer fragmento conocido del núcleo de un cometa, y que su formación es anterior a la del Sistema Solar.

En 1922, el arqueólogo británico Howard Carter descubrió la tumba intacta del faraón Tutankamón. Dentro de la cámara funeraria aguardaban tesoros maravillosos de metales preciosos y joyas. Entre los artículos, Carter halló un gran pectoral decorado con oro, plata y gemas. En el centro de la icónica coraza, el dios Khepri aparecía representado con forma de escarabajo alado, tallado a partir de una delicada piedra preciosa que exhibía tono verde amarillento tenue. Carter identificó la piedra como calcedonia, pero en 1998 el mineralogista italiano Vincenzo de Michele analizó las propiedades ópticas del escarabajo, y dictaminó que la preciada, única y exclusiva joya estaba hecha de vidrio líbico.

El escarabajo pelotero era un animal respetado y común en el Antiguo Egipto, siendo divinizado, adorado y relacionado con la capacidad de autoregeneración y con el dios Khepri, entidad que expresaba la fuerza del Sol al amanecer. En teoría, el pectoral de Tutankamón encontrado por Carter, cuando era portado por el monarca, inducía a identificar al faraón con el poder revitalizador y todopoderoso del Sol. De este modo, la jerarquía totalitaria de los antiguos faraones egipcios estaba apuntalada por el papel que desempeñaban como representantes de los dioses. Sin embargo, según las historias narradas en el libro del Éxodo del Antiguo Testamento, los faraones fueron desafiados por Moisés y su hermano Aarón, cuando solicitaron que el pueblo hebreo fuera liberado de la esclavitud. El relato bíblico narra que las diez plagas desatadas por el dios hebreo obligaron al faraón a libertar a los esclavos semitas. La vívida saga recogida en el Éxodo ha intrigado durante siglos a los eruditos estudiosos del Antiguo Testamento. El faraón Thutmosis II es firme candidato a ser proclamado el monarca reflejado en el Éxodo. En 1886, cuando el egiptólogo francés Gaston Maspero desenvolvió la momia de Thutmosis II descubrió que exhibía lesiones, cicatrices, costras y pápulas que cubrían la espalda, la cintura, los brazos y las piernas, y que podrían haber sido originadas por algún tipo de infección muy similar a la descrita en el Éxodo para la sexta plaga. ¿Fueron reales las diez plagas de Egipto?

Salvo por los patrones y la sucesión rápida, las nueve primeras plagas son semejantes a eventos naturales bien conocidos en Oriente Medio. En la primera de las plagas, el río Nilo tomó aspecto sanguinolento, ensuciando el agua potable y matando a los peces. La segunda llegó algunos días después con miles de ranas emergiendo del río para colonizar la tierra e invadir las casas egipcias. Los anfibios murieron al poco e inundaron el territorio con hedor insoportable. La tercera plaga estuvo protagonizada por pequeños insectos como mosquitos y piojos. En la cuarta actuaron enjambres de moscas y tábanos. La quinta plaga acudió con hechuras de terrible plaga epizoótica que aniquiló al ganado. En la sexta, los forúnculos y las úlceras poblaron la piel de las bestias y de los humanos. La séptima destruyó las cosechas con severas tormentas cargadas de rayos y granizo. La octava plaga fue ejecutada por devastadoras langostas traídas por el viento. En la novena, la luz solar desapareció borrada por las tinieblas. En la décima y definitiva murieron los primogénitos egipcios.

El desencadenamiento de las plagas puede ser interpretado por la aparición de un patrón climático inusual y extremo, originado por el fenómeno denominado El Niño-Oscilación del Sur (ENOS). Este cambio ha sido confirmado por el estudio de las estalagmitas en cuevas locales de Egipto, que han proporcionado registro de los patrones climáticos de la época en la que gobernó Ramsés II (otro de los candidatos a ser uno de los faraones representados en el Éxodo), manifestando que el clima habitual de la capital Pi-Ramsés era húmedo y tropical, pero que al final del reinado tornó a seco y desértico. Este cambio climático provocó que el Nilo pasara de fluir con rapidez a cursar caliente, lento y fangoso. Estas condiciones favorecen la aparición de afloramientos inmensos de microalgas de las especies *Haematococcus pluvialis* y *Euglena sanguinea*, que acumulan gran cantidad de pigmentos carotenoides de tipo astaxantina facilitando que la tonalidad del agua sea percibida de color rojo. Además, *Euglena sanguinea* es conocida por producir la potente euglenoficina, ictiotoxina que ocasiona alta mortandad en peces. En este periodo, dadas las circunstancias, también pudieron acontecer explosiones salvajes de poblaciones de cianobacterias de la especie *Planktothrix rubescens*, caracterizada por producir microcistinas y anatoxinas. Las microcistinas son potentes inhibidores de la fosfatasa, que han sido asociadas

Fotografía del estadounidense William Randolph Hearst, empresario, político, editor, publicista y magnate de la prensa y de los medios de comunicación, que patrocinó la expedición que halló el papiro Hearst, fechado en torno a la época del reinado del faraón Tutmosis III. La película *Ciudadano Kane* de Orson Welles está basada en la figura de William Randolph Hearst.

con alta morbilidad y mortalidad en humanos y animales. La presencia de floraciones de cianobacterias tóxicas en la naturaleza puede causar graves implicaciones ecológicas y problemas en la vida silvestre, en el ganado y en los humanos, porque las toxinas cianobacterianas envenenan a los organismos planctónicos y bentónicos, y las redes tróficas quedan interrumpidas al existir acumulación de toxinas en todos los niveles, desde el zooplancton hasta los peces. La cianobacteria *Planktothrix rubescens* es apodada sangre de borgoña por el color rojizo que presenta, responsable de teñir la fachada de los cauces donde aparece. El nombre sangre de borgoña está relacionado con acontecimientos históricos de origen bélico y con el pigmento rojo de la cianobacteria, que en apariencia tiene capacidad de colorear el agua superficial de lagos, como el Murten en Suiza. En este sentido, en el siglo XV, un afloramiento de *Planktothrix rubescens* fue interpretado como la sangre de los soldados borgoñeses, cuyos cuerpos fueron arrojados al lago después del asedio de la ciudad medieval de Murten y de la batalla de Morat, celebrada en 1476 entre el Ducado de Borgoña y la Confederación Helvética. Según el Éxodo, la primera plaga convirtió el agua del Nilo en sangre, los peces murieron y los egipcios no pudieron beber.

Algunos autores apuntan que las anomalías climáticas que iniciaron la sucesión de plagas también pueden ser explicadas por la terrorífica erupción del volcán Santorini durante la Edad de Bronce. Varios papiros médicos, como el Papiro Médico de Londres, el Papiro Ebers, el Papiro Hearst, el Papiro de Carlsberg 8 y el Papiro Ramesseum 3, documentan tratamientos para quemaduras provocadas por lluvia volcánica caída sobre Egipto. En algunos papiros aparecen recogidos tratamientos que describen la contaminación de las aguas por las cenizas. En otros se detallan las secuelas de la ceniza en la piel; de la inhalación grave de sustancias tóxicas en forma de aerosol; o del efecto de la lluvia ácida, después de la dispersión de cenizas en la atmósfera, lo que provocó anomalías climáticas. El penacho volcánico emitido es coherente con la novena plaga bíblica, en la que el cielo fue empastado por las tinieblas.

La segunda de las plagas, protagonizada por las ranas excursionistas, pudo ser consecuencia de la primera, ya que las toxinas microbianas que envenenaron el agua o las cenizas que acidificaron el curso del Nilo provocaron la rápida huida a tierra de los anfibios, engendrando manifestaciones monumentales que invadieron, croa que te croa, las viviendas y las vidas egipcias. En ausencia de agua, las ranas murieron en masa y su carroña apestó el ambiente. En mayo de 2010, en Grecia, miles de ranas conquistaron la carretera Egnatia que conecta la ciudad portuaria de Salónica, en el norte, con la frontera turca en el río Evros, obligando a parar la circulación durante horas. El 12 de julio de 1873 la revista *Scientific American* informó que una clamorosa lluvia de ranas había arreciado sobre Kansas City, oscureciendo el cielo y colmando de animales el suelo. La publicación anunció que el estrafalario fenómeno debía haber sido cau-

Die zweyte Egyptische Plage. La segunda plaga de Egipto, la plaga de las ranas. Aguafuerte iluminada.

sado por tornados o tormentas terrestres que transportaron a los anfibios. El 7 de junio de 2005, miles de ranas llovieron en Odzaci, un pequeño pueblo en el noroeste de Serbia. La climatóloga Slavisa Ignjatovic describió el suceso como «no muy inusual», porque los fuertes vientos que acompañaron la tormenta podrían haber secuestrado y trasladado con facilidad a las ranas.

La tercera plaga y la cuarta plaga están representadas por artrópodos. En la tercera, fueron descritos pequeños insectos nominados con la palabra hebrea *keenim*, que pudo aludir a piojos, pulgas o mosquitos, y en la cuarta, hordas de moscas y tábanos acudieron zumbando al barullo. El calentamiento atmosférico provocado por el cambio climático y la presencia general de aguas estancadas permitió el estallido poblacional de insectos pequeños y dañinos, como las especies de los géneros *Culicoides* y *Phlebotomus* (moscas de la arena). La muerte de los peces y de los anfibios liquidó gran parte de los depredadores naturales, y las moscas, mosquitos y demás fanfarria de ojos compuestos acudieran en tropel conformando un hervidero insano. Los insectos protagonistas de las plagas tres y cuatro tienen capacidad para transmitir gran número de enfermedades microbianas, algunas de las cuales pudieron originar la quinta plaga. Además, la cuarta plaga representada por moscas negras chupadoras de sangre de los géneros *Stomoxys*, conocida como mosca de los establos, y *Simulium*, que transmite la oncocercosis, también pudieron intervenir en la plaga número seis.

En la quinta plaga el ganado yació masacrado por brotes epidémicos, que según la argumentación de varios autores fueron producidos por la peste equina africana y por la enfermedad de la lengua azul. La peste equina africana es una enfermedad vírica grave, con frecuencia mortal, que afecta a todas las especies de équidos, y que es producida por un Orbivirus (AHSV, African Horse Sickness Virus). Esta enfermedad es transmitida por dípteros nematóceros, consumidores de sangre del género *Culicoides*, y es endémica en la zona del África subsahariana. Los principales brotes epizoóticos de la enfermedad en África están estrechamente vinculados con la fase cálida de El Niño-Oscilación del Sur (ENOS). En España, el principal vector de la peste equina africana es la especie *Culicoides imicola.* Por otro lado, la enfermedad de la lengua azul afecta a rumiantes, tanto domésticos como silvestres, y es causada por otro Orbivirus (BTV, Blue Tongue Virus) transmitido por picaduras de dípteros hematófagos del género *Culicoides.* La manifestación clínica aparece con mayor frecuencia en el ganado ovino, y puede producir morbilidad significativa ocasionando erosiones y ulceraciones en las membranas mucosas; disnea; cojera por causa de necrosis muscular; e inflamaciones de la banda coronaria.

Los forúnculos y las lesiones cutáneas que acarreó la sexta plaga podrían ser debidas por el desarrollo de dermatitis infecciosa, causada por agentes microbianos como *Bacillus anthracis* y varias especies de *Staphylococcus.* La bacteria *Bacillus anthracis* causa ántrax cutáneo, y los síntomas de esta enfermedad, que provoca úlceras cutáneas no dolorosas con el centro de la lesión tiznado de color negro, coinciden con las afecciones recogidas en el Éxodo. Además, la puesta masiva de huevos por parte de las moscas protagonistas de la cuarta plaga acarrearía la eclosión masiva de larvas de mosca, que tienen capacidad específica para excavar en la piel y en los tejidos subcutáneos del ganado y de los humanos, desarrollando *in situ* miasis foruncular que causa nódulos inflamatorios o forúnculos. Históricamente, en Egipto y Arabia Saudita, varias especies de moscas han causado miasis en camellos, cabras y ovejas. En humanos, la miasis foruncular es originada por dos especies, el gusano de Cayor (larvas de la mosca tumbu africana, *Cordylobia anthropophaga*) y las larvas de la mosca humana (*Dermatobia hominis*). Las larvas de mosca de tumbu a menudo producen miasis en piernas y glúteos, lo cual podría explicar la observación bíblica de que los sacerdotes egipcios no podían estar de pie ante Moisés por los forúnculos.

La séptima plaga puede ser atribuida al progresivo calentamiento costero, ocurrido entre abril y mayo, y que originó una supercélula, es decir, una monstruosa tormenta convectiva que posee un profundo y persistente mesociclón. Este tipo de tormenta suele alcanzar dimensiones excepcionales, tanto en la vertical (de quince a veinte kilómetros de altura) como en la horizontal, siendo la longitud del semieje mayor de entre cincuenta y doscientos kilómetros. El aire cálido y húmedo del mar reptó sobre el norte del delta del Nilo, chocando con aire fresco y seco del interior, causando truenos, relámpagos, fuertes lluvias y gigantescos granizos, que destruyeron los cultivos y arruinaron la cosecha.

Los violentos vientos tormentosos soplaron y soplaron primero al este y después al oeste desde el desierto, transportando dentro y fuera de la costa egipcia inmensos enjambres de langosta del desierto (*Schistocerca gregaria*), que constituyeron la octava plaga bíblica. *Schistocerca gregaria* es una trituradora insaciable con gusto poco exquisito que consume más de quinientas especies vegetales distintas. El rango de distribución abarca la mitad norte del continente africano, Oriente Próximo, Oriente Medio y la India. Los enjambres de los ejemplares adultos pueden alcanzar los veinte kilómetros de longitud. Cuando el enjambre entra en declive por la escasez de recursos naturales, proceso cíclico que puede tardar años, los individuos comienzan a morir y la población revierte al estado inicial de individuos aislados. En la actualidad, el control de esta especie está basado en la fumigación de extensas superficies afectadas, aplicando una mezcla de insecticidas que incorporan fenilacetonitrilo, compuesto químico que las langostas secretan como feromona de agregación e inhibición del cortejo, pero que en dosis altas es tóxico para los estadíos juveniles. En 1989 comenzó un programa de investigación denominado LUBILOSA (acrónimo del programa francés Lutte Biologique contre les Locustes et les Sauteriaux, Control Biológico de Langostas y Saltamontes), que tenía como objetivo desarrollar una alternativa biológica al control químico de las langostas. El programa consiguió identificar una cepa del hongo entomopatógeno *Metarhizium anisopliae* var. *acridum*, que era eficaz contra langostas y que fue utilizada para desarrollar el biopesticida comercial Green Muscle. En 1967 ocurrió en Egipto una plaga similar a la descrita en el Éxodo, cuando

Mosquito de la especie *Aedes triseriatus* obteniendo sangre de una mano humana. (Public Health Image Library, Centers for Disease Control and Prevention, CDC).

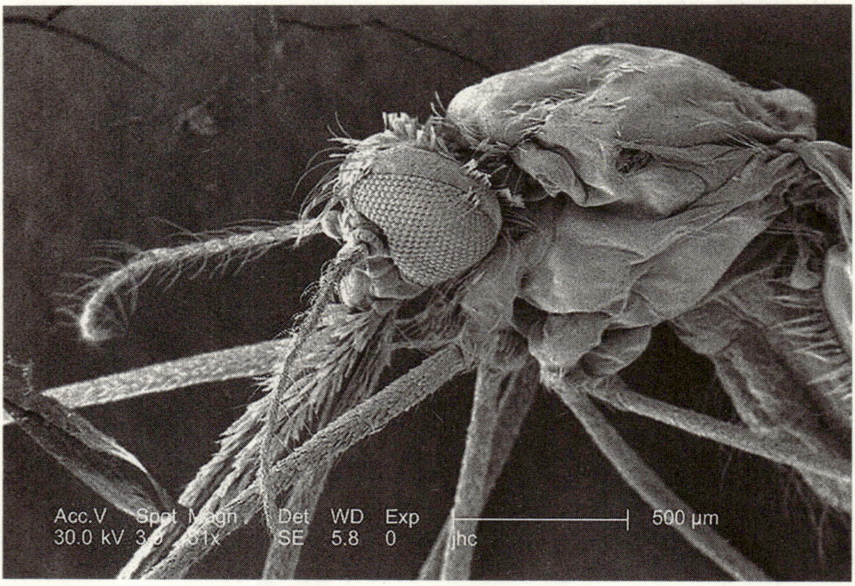

Micrografía electrónica de barrido (SEM), mostrando características morfológicas ultraestructurales de la cabeza y de las regiones torácicas de un mosquito de la especie *Anopheles gambiae*, vector habitual de la malaria. (Public Health Image Library, Centers for Disease Control and Prevention, CDC).

enjambres de langosta del desierto que pululaban desperdigados fueron conducidos a la costa egipcia desde el desierto de Arabia por un viento del este ciclónico, y después fueron transportadas por un viento similar proveniente del oeste. En los años 2019 y 2020 la devastadora plaga de langostas que afectó a numerosos países diferentes puso en riesgo de hambruna a más de treinta millones de personas. La amenazante nube de insectos tiene sobrada capacidad para alcanzar una densidad poblacional por kilómetro cuadrado de cuarenta millones de individuos, que son capaces de ingerir a diario la cantidad de alimento que consumen 53.000 personas cada día.

A medida que disminuyeron los vientos tormentosos, prevalecieron los vientos marinos cálidos cargados de humedad que regresaron al norte del delta del Nilo, para superponerse con el aire fresco del desierto. La humedad condensó y produjo densa niebla marina que raptó la luz a lo largo de la costa durante días y originó la novena plaga, que también pudo estar alimentada por las cenicientas nubes volcánicas emitidas con la erupción del Santorini.

La décima plaga fue la definitiva, la que mató a los primogénitos y doblegó al faraón. Algunos autores abogan por la incidencia de varias enfermedades víricas transmitidas por insectos para las que los adultos presentaban cierto grado de resistencia, pero a las que los jóvenes eran susceptibles. Las tormentas que protagonizaron las plagas anteriores dejaron numerosas charcas de agua estancada, donde mosquitos de los géneros *Aedes* y *Culex* proliferaron con excelencia. Estos insectos transmiten y diseminan la fiebre del valle del Rift, causada por el virus de la fiebre del valle del Rift, y la enfermedad del virus del Nilo Occidental, que puede causar una enfermedad neuro invasora grave, como la encefalitis o meningitis del Nilo Occidental o poliomielitis del Nilo Occidental, caracterizada por dolores de cabeza, fiebre elevada, rigidez de nuca, estupor, desorientación, coma, temblores, convulsiones, debilidad muscular y parálisis. El virus del Nilo Occidental fue aislado por vez primera en 1937 de una mujer del distrito del Nilo Occidental en Uganda. En

1953 fue identificado en aves (cuervos y palomas) del delta del Nilo. La Fiebre del Valle del Rift es una enfermedad vírica aguda transmitida a través de mosquitos del género *Aedes,* que afecta a los humanos y a los animales domésticos como camellos, bovinos, cabras y ovejas, en los que causa altas tasas de morbilidad y de mortalidad. En el Antiguo Egipto la práctica de estabular el ganado en el interior de las viviendas habría facilitado el contacto humano con animales infectados. Otra de las costumbres del Antiguo Egipto era que los primogénitos tuvieran el privilegio de dormir a ras de suelo en la planta baja de los edificios, y eso pudo condenar a los vástagos. Los fenómenos sísmicos que acompañaron la erupción del volcán de la isla Santorini pudieron provocar la liberación de las bolsas de dióxido de carbono acumuladas en el fondo del río Nilo, causando la muerte por asfixia de todo aquel desgraciado que inhalase el gas. Este extraño desastre natural es conocido como erupción límnica o fenómeno del lago explosivo, y ocurre cuando el dióxido de carbono erupciona súbitamente de las profundidades de un lago, asfixiando a la fauna, al ganado y a los seres humanos. En 1986 sucedió una erupción límnica en el lago Nyos de Camerún, que mató a toda la vida silvestre en un radio de veinticinco kilómetros y a más de 1.800 personas mientras dormían. El dióxido de carbono es más pesado que el aire por lo que cuando es liberado tiende a acumularse a pocos centímetros del suelo y, como pudo ocurrir con los primogénitos de Egipto, el que lo inhala mientras duerme fallece sin llegar a despertar.

En definitiva, a pesar de que hace 2.000 años Pablo de Tarso, conocido como San Pablo, apuntara que los designios de Dios son insondables y sus caminos inescrutables, e independiente a la fe personal de cada cual, las interpretaciones científicas de que las diez plagas de Egipto fueron reales y acontecieron sin la necesidad de intervención divina son evidentes, plausibles y están asentadas en circunstancias naturales comprobables y repetibles.

📖 PARA LEER MÁS:

- Belyanin, Georgy. (2018). Petrography of the carbonaceous, diamond-bearing Stone «Hypatia» from southwest Egypt: A contribution to the debate on its origin. *Geochimica et Cosmochimica* 223: 462-492.
- Cavosie, Aaron. (2019). Overestimation of threat from 100 Mt–class airbursts? High-pressure evidence from zircon in Libyan Desert Glass. *Geology* 47 (7): 609-612.
- Ehrenkranz, Joel. (2008). Origin of the Old Testament Plagues: Explications and Implications. *Yale Journal of Biology and Medicine* 81: 31-42.
- Mazokopakis, Elias. (2019). Environmental and Medical Aspects Related to the Sixth Plague of Egypt. *MAEDICA - a Journal of Clinical Medicine* 14 (3): 310-313.
- Svetsov, Vladimir. (2020). Formation of Libyan Desert Glass: Numerical simulations of melting of silica due to radiation from near-surface airbursts. *Meteoritics & Planetary Science* 55: 895-891.
- Trevisanato, Siro. (2006). Six medical papyri describe the effects of Santorini's volcanic ash, and provide Egyptian parallels to the so-called biblical plagues. *Medical Hypotheses* 67: 187-190.
- Vasas, Gabor. (2013). Appearance of *Planktothrix rubescens* Bloom with [D-Asp3, Mdha7]MC–RR in Gravel Pit Pond of a Shallow Lake-Dominated Area. *Toxins* 5 (12): 2434-2455.
- Walsby, Anthony. (2006). The Burgundy-blood phenomenon: a model of buoyancy change explains autumnal waterblooms by *Planktothrix rubescens* in lake Zürich. *New Phytologist* 169 (1): 109-122.

El célebre escritor estadounidense Edgar Allan Poe en 1849.

El fantasma de Heilbronn

El 25 de abril de 2007, en la pequeña ciudad alemana de Heilbronn, apareció asesinada la joven oficial de policía Michèle Kiesewetter. Recibió un disparo mortal en el recinto ferial de Theresienwiese, mientras tomaba café en el interior del coche patrulla. Martin Arnold, compañero de Michèle, fue herido de gravedad y entró en coma. El arma de servicio de ambos, una Heckler & Koch P2000, desapareció. No hubo testigos. Nadie vio ni escuchó nada. El caso era complejo, pero los agentes asignados encontraron un rastro. En el asiento trasero del vehículo alguien había olvidado una ínfima muestra de ADN.

El suceso fue analizado por el departamento de análisis de casos operativos (OFA) de la Oficina Estatal de Policía de Stuttgart. La OFA es utilizada por analistas de casos policiales para investigar delitos no resueltos con el fin de obtener nuevos enfoques de investigación, crear un perfil del perpetrador e identificar delitos en serie. La perfilación criminal es una técnica auxiliar de investigación criminalística que utiliza indicios físicos y psicológicos para ayudar en la resolución de crímenes en los que los responsables son desconocidos. En 1841, el escritor y poeta estadounidense Edgar Allan Poe describió estos métodos en *Los asesinatos de la calle Morgue*, la primera historia de detectives moderna. Poe es considerado uno de los inventores del género detectivesco de ficción, y es uno de los autores que en mayor medida contribuyó a la emergente literatura de ciencia ficción del siglo XIX. En 1842, Virginia Clemm, prima y esposa de Poe, mostró síntomas inequívocos de padecer tuberculosis, lo cual en aquella época suponía la sentencia de muerte. La noticia fue demoledora. El autor sumergió la preocupación y la tristeza en la literatura y en el alcohol. Poco después, en 1845, Poe publicó *El cuervo*, un poema narrativo, considerado la obra más famosa del escritor, donde el protagonista, un pajarraco lúgubre cuyo nombre era Nunca más, encaramado sobre el busto de Palas Atenea, azuza el sufrimiento de un estudiante que ha perdido a su amada Lenore. Menos de dos años después de la publicación del agónico poema, el 30 de enero de 1847, Virginia Clemm murió de tuberculosis. Sin duda, la tuberculosis marcó la vida y la trayectoria profesional de Edgar Allan Poe. Elizabeth Arnold, madre biológica de Poe, falleció a los veinticuatro años víctima de la tuberculosis, cuando Edgar aún no había cumplido los tres años. Frances Allan, madre adoptiva de Poe, también murió de tuberculosis cuando el escritor tenía veinte años. Poe no superó la muerte de Virginia, al poco, entrado el otoño de 1849, falleció por causas desconocidas a la edad de cuarenta años. Las conjeturas sobre los motivos que originaron la muerte de Poe son múltiples y diversas, e incluyen opciones que abogan desde el alcoholismo y la ingesta de drogas a otras que mencionan patologías cardiacas o incluso enfermedades infecciosas como el cólera, la tuberculosis, la sífilis o la rabia.

El cirujano británico Thomas Bond fue de los primeros en generar perfiles criminales aplicados a casos reales, y por ello, las autoridades de Scotland Yard requirieron de sus servicios en 1888 para intentar descubrir quien estaba tras la identidad de Jack el Destripador. Desde entonces el perfil delictivo ha sido aplicado en innumerables ocasiones. En el caso de Michèle Kiesewetter era peliagudo establecer el perfil criminal porque el punto de partida era sobrio y sucinto, la muestra golfa de ADN. El 31 de mayo emergió la primera pista. El ADN de la escena de Heilbronn fue cotejado con la base central de ADN de la Oficina Federal de Investigación Criminal alemana (Bundeskriminalamt, abreviado BKA), y encontró una coincidencia. Habían cantado línea, sin embargo, el bingo estaba todavía muy lejos. Apareció concurrencia clara, pero según el análisis era con el ADN de una persona femenina desconocida. Además, existía otro dato preocupante e inquietante, el ADN extraño del escenario de Heilbronn era el mismo que el encontrado en numerosas escenas criminales acontecidas en Alemania, Francia y Austria desde el año 1993. El mismo ADN había aparecido en una pistola de juguete después de un robo en 2004 a comerciantes de piedras preciosas, en Arbois (Francia); en una taza después del asesinato de una mujer de sesenta y dos años en 1993, en Idar-Oberstein (Alemania); en un cajón de cocina después del asesinato de un hombre de sesenta y un años en 2001, en Friburgo (Alemania); en los restos de una galleta encontrada en el remolque de un camión, que fue abierto con fuerza la noche del 24 de octubre de 2001, en Budenheim (Alemania); en una piedra utilizada para romper una ventana después de un robo el 3 de octubre de 2006, en Saarbrücken (Alemania); en una tienda de optometría de Gallneukirchen (Austria), que sufrió saqueo en marzo de 2007; en decenas de robos de automóviles y motocicletas perpetrados en varias ciudades de Alemania y Austria, entre los años 2003 y 2007; y en otros copiosos y variados crímenes adicionales que incluían hurtos, agresiones y asesinatos. En total, más de cuarenta delitos asociados al mismo ADN. En el momento del crimen de Heilbronn, había más de cien feriantes en el lugar, organizando el Festival de primavera, y numerosos miembros de una familia romaní, que estaba acampada con caravanas. ¿Cómo era posible que nadie recordara a una potencial mujer sospechosa?

En base a las pesquisas genéticas, la supuesta asesina era muy peligrosa y presentaba alta movilidad, pero no encajaba con ningún patrón criminal concebible por la policía. Los investigadores estaban perdidos, el rastro difuso que diseminaba la desconocida homicida desaparecía una y otra vez como el valor en los cementerios a la media noche. Literalmente perseguían un espectro, un espíritu escurridizo, macabro y perverso, al que bautizaron con el nombre del fantasma de Heilbronn.

Las leyendas de fantasmas femeninos son escasas, aunque varias han tenido relevancia en diversas épocas de la historia. La mayor parte de los fantasmas, masculinos y femeninos, habita en palacios o mansiones, ninguno ha cogido gusto por chabolas o chamizos. La inmobiliaria utilizada debe ser onerosa. Por haber, hay de todo, como en los bazares, y algunos espectros hallan cómoda la ciudad, con el ir y venir de multitudes a las que poder espantar a diario, pero otros, quizás menos sociables, prefieren los entornos campestres apartados. En este segundo saco, queda incluido el ejemplo del fantasma de Dorothy Townshend, aristócrata inglesa que murió de viruela en 1726. Al parecer, el espectro de Dorothy gustaba de dar paseos por Raynham Hall, una casa de campo situada en Norfolk. La puesta de largo de

El mago John Booth, fotografiado durante una actuación en 1939.

la versión fantasmagórica de Dorothy ocurrió en la Navidad de 1835, cuando algunas personas afirmaron haber visto a una mujer ataviada con un anticuado vestido marrón deambulando por las estancias de Raynham Hall. Desde entonces, otros sujetos percibieron la supuesta presencia del fantasma de Dorothy, que casi de inmediato recibió el apodo de la Dama marrón de Raynham Hall. La popularidad de Dorothy alcanzó cima en 1936. El 9 de septiembre de aquel año, el fotógrafo Hubert Provand y su asistente Indre Shira estaban en Raynham Hall tomando fotografías para un artículo en la revista *Country Life*. De repente, Shira observó una delicada forma vaporosa descendiendo por las escaleras y tuvo tiempo de captar algunas imágenes que fueron publicadas el 26 de diciembre en *Country Life*. La expectación estaba en punta, poblada de exclamaciones. Provand y Shira habían fotografiado al fantasma de Dorothy Townshend. Pocos días después, el 4 de enero de 1937, el relato y la supuesta fotografía fantasmal aparecieron publicados en la revista *Life*. El impacto fue descomunal, y gran parte de Inglaterra alucinó. Sin embargo, muchos críticos aseguraron que la fotografía estaba trucada y que había sido conseguida por efectos lumínicos o que era el resultado de una doble exposición. El mago estadounidense John Booth replicó la escena con facilidad utilizando sencillos recursos naturales.

Durante el siglo XIX y principios del siglo XX, proliferaron los embaucadores que aseguraron tener capacidad para comunicarse con fantasmas y con el mundo de los espíritus. Las principales impulsoras del nacimiento del espiritismo a mediados del siglo XIX fueron tres hermanas llamadas Kate, Margaret y Leah, conocidas como las hermanas Fox. Antes de entrar de lleno en explicaciones más acentuadas, el trío afirmó ser testigo de fenómenos paranormales y, en seguida, hicieron carrera de alpaca como médiums. En la mayoría de las ocasiones, los espíritus llegaban a tropel causando gran estrépito, que era percibido de inmediato por los asistentes gracias a la surgencia repentina de insólitos estallidos de sonido. En 1888, Margaret y Kate confesaron que los chasquidos y estampidos sonoros eran producidos con las articulaciones y con los huesos de sus cuerpos. La reputación de las hermanas se derritió como lo haría un bloque de tofe al sol. Quedaron arruinadas y en pocos años fallecieron todas. Aun así, el movimiento espiritista ganó energía y popularidad en el Reino Unido y en los Estados Unidos de América. La dinámica ocultista incentivó a que en los Estados Unidos de América, algunos magos fraudulentos como los hermanos Davenport utilizaran estratagemas e ilusiones artificiales para representar actuaciones en las que reiteraban ostentar poderes espirituales, que empleaban para provocar los eventos sobrenaturales. Sin embargo, otros magos, como el fabuloso escapista e ilusionista Harry Houdini, dedicaron gran parte de su vida a desacreditar las afirmaciones espiritistas.

Imagen de las tres hermanas estadounidenses Fox, impulsoras del nacimiento del espiritismo en el siglo XIX. A la izquierda Margaret, en el centro Kate y a la derecha Leah.

Para resolver el misterio del fantasma de Heilbronn, los investigadores de Friburgo examinaron varios rastros que incluían entornos relacionados con la droga, personas sin hogar o individuos con gran capacidad de movimiento por el estilo de vida que mantenían. La policía localizó a 3.000 potenciales sospechosas, que habían estado cerca del crimen, y requirió que entregaran una muestra de saliva para analizar el ADN. Además, los agentes de Heilbronn solicitaron un nuevo examen del ADN encontrado en los delitos cometidos en Austria, para determinar el posible origen biogeográfico del criminal. Quizás fuera el infierno.

El 29 de junio de 2007, la revista alemana *Stern*, conocida internacionalmente por la publicación en 1983 de los supuestos pero fraudulentos *Diarios de Hitler*, lanzó un detallado reportaje titulado «La caza del fantasma», en el que recogía declaraciones policiales no oficiales en las que mencionaban que el entorno gitano estaba siendo examinado con detalle, ya que varias escenas de los crímenes del fantasma de Heilbronn ocurridas en Friburgo, Heilbronn o Worms estaban cerca de bases bien conocidas de grandes clanes sinti y romaní. Muchas de las personas que pertenecen a estas poblaciones emplean una compañía de autobuses que viaja regularmente a Rumania desde Heilbronn, pero también a Austria y Francia por etapas. El día del asesinato de Michèle Kiesewetter, varias familias sinti y romaní acamparon en Theresienwiese, a menos de cien metros de la escena del crimen. Para las autoridades era chocante que no hubieran percibido nada anormal.

El 12 de julio de 2007, de acuerdo con la decisión del tribunal regional de Wels, en Alta Austria, el científico forense Walther Parson de la Universidad de Innsbruck sometió a examen los rastros del ADN austriaco, analizando el ADN mitocondrial para determinar el origen genético de la muestra y el ADN del cromosoma x, para asegurar la asignación del género. El ADN mitocondrial es transmitido desde la madre, y todas las personas emparentadas por vía materna comparten la misma secuencia de ADN mitocondrial. El ADN mitocondrial tiene menor poder discriminatorio que

EDUARDO CAAMAÑO
HOUDINI
La biografía definitiva del mago más célebre de todos los tiempos.
Del autor de
Manfred von Richthofen, el Barón Rojo
ALMUZARA

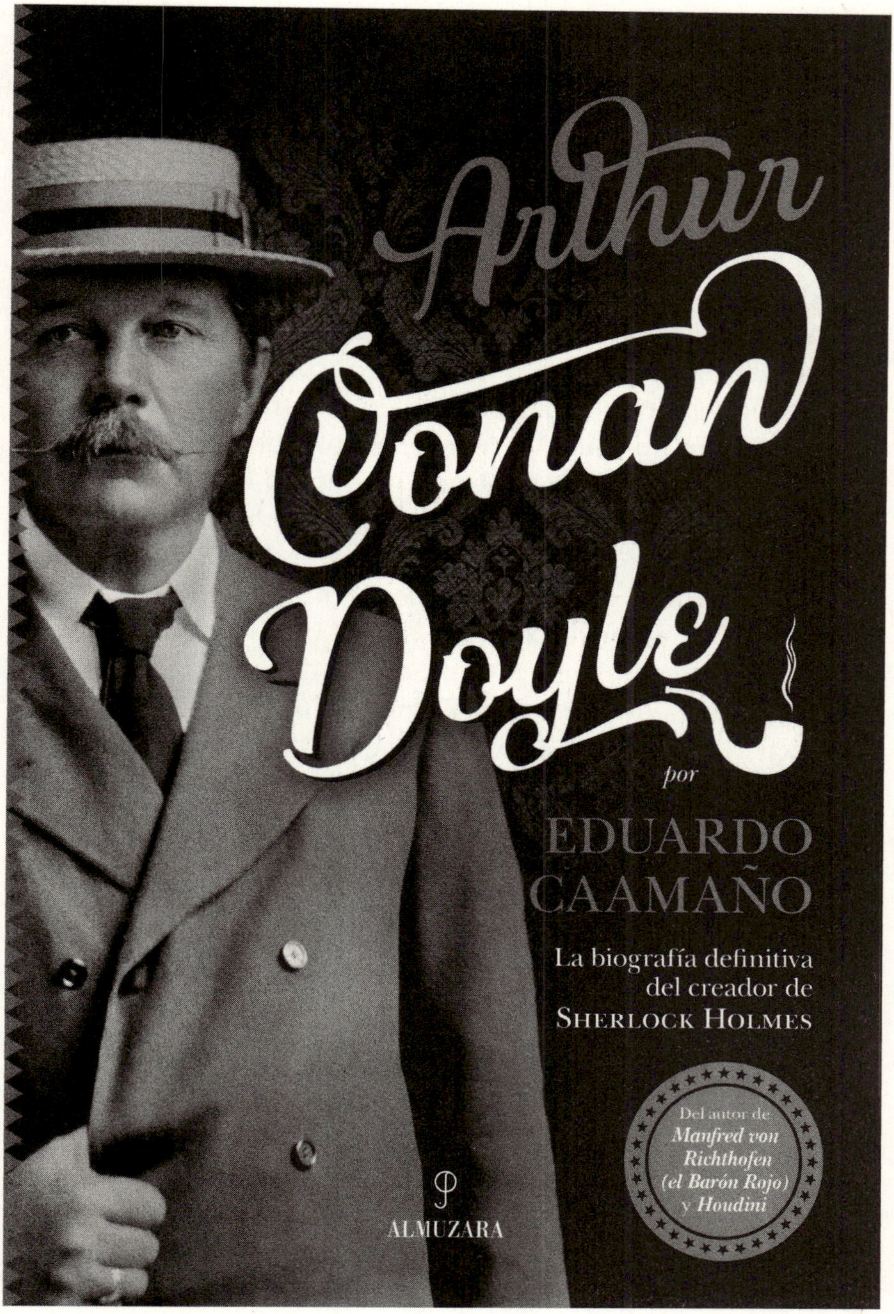

Portadas de las obras del biógrafo Eduardo Caamaño *Houdini* y *Arthur Conan Doyle*, amigos enfrentados por el espiritismo. El ilusionista trató de desenmascarar a los impositores y el escritor fue uno de los grandes impulsores del movimiento espiritista en la Inglaterra victoriana.

el ADN nuclear, pero presenta un tamaño muy inferior, un total de 16.569 pares de bases frente a los 3.000 millones del ADN nuclear, por lo que es más difícil que ocurra la degradación del material genético, aumentando así las probabilidades de encontrarlo intacto para facilitar la secuenciación y el posterior estudio forense o criminalístico. Además, el ADN mitocondrial contiene información decisiva que puede establecer los apuntes esenciales para la identificación criminal. En septiembre de 1996, el ADN mitocondrial fue utilizado por primera vez en una sala de justicia de los Estados Unidos de América como prueba en el caso del Estado de Tennessee contra Paul Ware, sospechoso de la violación y el asesinato de una niña de cuatro años. En España también fue aplicado en 1996, y los datos fueron recogidos en el Sumario 2/95, Juzgado de Primera Instancia e Instrucción de Puente Genil, Córdoba; informe Instituto Medicina Legal de Santiago, referencia 23/1996. Unos meses más tarde, la técnica fue empleada en el famoso caso Alcasser (Sentencia de la Audiencia Provincial de Valencia número 287/1997, de 5 de septiembre). Desde entonces, el ADN mitocondrial se ha utilizado en numerosas ocasiones, siendo una de las que mayor repercusión mediática ha presentado la relacionada con el movimiento de las Madres de la Plaza de Mayo. El análisis del ADN mitocondrial ha sido una herramienta excepcional en la búsqueda de los bebés desaparecidos durante la última dictadura militar argentina (1976-1983), ya que muchos, que eran hijos de mujeres encarceladas y asesinadas, fueron dados en adopción o al cuidado de familias que a menudo tenían relación con las personas que asesinaron a los padres.

El Instituto de Medicina Forense de Innsbruck examinó los resultados del informe genético del forense Parson, y declaró que el ADN fantasma podría provenir de una asignación geográfica vinculada a los territorios de Europa del Este, vecinos a la Federación de Rusia. El ADN de Heilbronn también fue analizado desde perspectivas biogeográficas, y los resultados apoyaron el perfil criminal elaborado por la OFA de Stuttgart, que el 30 de octubre de 2007 informó que los análisis permitían concluir que el asesino era una persona que viajaba con frecuencia, llevando vida de vagabundo sin compromiso social, y que sustentaba este *modus vivendi* cometiendo delitos.

Los meses transcurrieron pastosos, el 24 de abril de 2008, el periódico semanal alemán *Die Zeit* publicó que fuentes policiales enfocaban la indagación en un conjunto de 800 mujeres del entorno romaní o sinti. Las semanas fluían embarradas y las pesquisas no ofrecían fruto comestible. Por sorpresa, en el año 2009, la investigación derrapó con un giro violento e inesperado. La secuencia de ADN desconocida apareció en Francia, recogida del cuerpo quemado de un hombre. ¿Qué estaba ocurriendo? La perplejidad iba en aumento y las evidencias ponían proa en dirección al puerto. La escurridiza asesina parecía no existir. ¿Y si finalmente los crímenes habían sido perpetrados por una maléfica entidad espectral?

Las conjeturas fantásticas quedaron desecadas el 27 de marzo del año 2009. Aquel día, el Instituto de Ciencias Forenses de la Oficina Estatal de Policía Criminal de Baden-Württemberg en Stuttgart (Alemania) anunció que la pista del ADN era engañosa ya que, tras dos años de consumir inmensos recursos en la investigación, habían comprobado que el material genético encontrado en las diferentes escenas criminales era debido a una contaminación localizada en los hisopos de algodón utilizados para recoger las muestras. El ADN de los hisopos había sido transferido accidentalmente por una empleada de la empresa fabricante, debido a malas prácticas en la producción de los bastoncillos de algodón, ya que no utilizaba guantes trabajando.

La crítica pública entró en erupción. El análisis basado en el ADN cursado en la investigación de Heilbronn señaló el posible origen de los sospechosos en Europa del Este, región de la que procedía la empleada de la fábrica de hisopos, pero no fue la única indicación. Otras involucraron prejuicios relacionados con la alta capacidad móvil y criminal vinculada al entorno romaní. Por ello, desde 2009 la resolución del inaudito caso del fantasma de Heilbronn ha tenido serias repercusiones para la ciencia forense, obligando a la policía criminal a revisar los procesos técnicos y el control de calidad en el análisis de ADN. Consecuencia de todos estos acontecimientos, en el año 2016 fue publicado un nuevo estándar ISO (de las siglas en inglés International Organization for Standardization), el ISO 18385. La Organización Internacional de Normalización (ISO) es una organización independiente no gubernamental dedicada a la creación de normas o estándares para asegurar la calidad, seguridad y eficiencia de productos y servicios, las denominadas normas ISO. La norma ISO 18385:2016 intenta evitar que sean repetidos incidentes como el del fantasma de Heilbronn, especificando los requisitos para minimizar el riesgo de contaminación con ADN humano en productos utilizados para recolectar, almacenar y analizar material biológico con fines forenses.

El asesinato Michèle Kiesewetter fue resuelto en el año 2011, y atribuido a terroristas neonazis de la organización de extrema derecha Clandestinidad Nacionalsocialista (CNS), que participaron en los llamados asesinatos del Bósforo, perpetrados por motivos xenófobos contra ciudadanos de origen turco y griego en Alemania entre los años 2000 y 2007. Sin duda, el odio y la intolerancia dan mucho más miedo que los fantasmas.

🕮 PARA LEER MÁS:

- Amankwaa, Aaron. (2019). The effectiveness of the UK national DNA database. *Forensic Science International: Synergy* 1: 45-55.
- Bradbury, Cedric. (2019). Off-target phenotypes in forensic DNA phenotyping and biogeographic ancestry inference: A resource. *Forensic Science International: Genetics* 38: 93-104.
- Gall, John. (2016). DNA contamination - a pragmatic clinical view. *Current Practice in Forensic Medicine,* Volume 2. Edited by John A.M. Gall and J. Jason Payne-James.tas
- Lipphardt, Anna. (2019). The Invention of the «Heilbronn Phantom». Cultural-Anthropological Approaches to the NSU Complex. *Zeitschrift Fur Volkskunde* 115: 50-70.
- Matheson, Susan. (2016). DNA Phenotyping: Snapshot of a Criminal. *Cell* 166 (5): 1061-1064.
- Runa, Daniel. (2011). An investigation of the presence of DNA on unused laboratory gloves. *Forensic Science International: Genetics Supplement Series* 3: e45-e46.

Imagen de uno de los tapices de la serie *La Dama y el Unicornio.* Las paredes de la sala común de la casa Gryffindor, en las películas del universo Harry Potter, están empapeladas con reproducciones de los tapices de *La Dama y el Unicornio.* En la película *Harry Potter y el misterio del Príncipe,* cuando Ginny Weasley lleva a Harry a la sala de los Menesteres, topan con una gigantesca reproducción de *El unicornio en cautividad ya no está muerto,* séptimo tapiz de la serie *La caza del unicornio.*

Unicornios

Los tapices medievales y renacentistas fueron muy demandados por los opulentos gobernantes seculares y religiosos de los siglos XV y XVI. A nivel práctico, eran sencillos de transportar, aislaban del frío y vestían las paredes desnudas y aburridas de castillos e iglesias. Casi siempre, la confección del tapiz era engorrosa y laboriosa, ya que cada puntada era colocada a mano. La mayoría tenían fines decorativos, y unos pocos, más ostentosos, enriquecidos con seda e hilos de oro y plata, albergaban celebraciones alegóricas y pretensiones propagandísticas de riqueza y de poder del comprador. El proceso permitía representar escenas figurativas a gran escala. Desde principios del siglo XIV, la industria más potente de producción de tapices estuvo asentada en el norte de Francia y en los Países Bajos. Allí, el volumen de fabricación de tapices grandes de alta calidad era vasto y constante. Ciudades como Tournai, Lille o Bruselas exportaban magníficos paños a toda Europa. A partir de 1476, los tejedores de Bruselas refinaron y perfeccionaron las técnicas para reproducir los efectos pictóricos de los dibujos plasmados por los artistas, asegurando la supremacía y la fama de los talleres bruselenses durante décadas.

Tras los Tratados de la Paz de Utrecht, Felipe V perdió los territorios flamencos y los preciados talleres de tapices que proveían de bellos paños las dependencias reales. En consecuencia, para suplir la carestía, inició un proyecto mercantil en Madrid que culminó con la fundación en 1721 de la Real Fábrica de Tapices de Santa Bárbara. Años más tarde, durante el reinado de Carlos III, el pintor Francisco José de

Goya y Lucientes entregó en 1775 la primera serie de cartones, inspirada en temas cinegéticos, que el artista realizó para la elaboración de tapices en la Real Fábrica de Tapices de Santa Bárbara. Goya fue el cartonista español más prestigioso. Celebérrimos fueron los violentos enfrentamientos de Goya con tintoreros y tejedores, incapaces de copiar con exactitud las obras del pintor. Poco a poco, la desunión del gremio aceleró la decadencia y el desprestigio del oficio. La adolescencia del siglo XIX confirmó la premonición, las manufacturas europeas languidecieron y los tapices fueron sentenciados al ostracismo y a la polilla.

La gallina ciega (1778), pintura de Francisco de Goya que forma parte de la serie de cartones para la Real Fábrica de Tapices de Santa Bárbara. La obra recrea a un grupo de majos y majas jugando a la gallina ciega a las orillas del río Manzanares. Las cumbres de la sierra de Guadarrama quedan al fondo del paisaje. El cartón está conservado en el Museo del Prado, y es el único que Goya llegó a pintar del conjunto de escenas pensadas para los tapices del dormitorio de las hijas de Carlos IV y María Luisa de Parma.

Sin embargo, en el último cuarto de siglo, renació el interés por la pretérita industria textil, y fueron rescatadas joyas medievales como *La Dame à la licorne* (*La Dama y el Unicornio*), una serie de seis tapices tejidos con lana y seda, creados en Flandes al popular estilo *mille-fleurs*. Cada pieza muestra a una dama noble con un unicornio situado a la izquierda de la mujer. El conjunto fue hallado en condiciones lamentables en 1841 en el castillo de Boussac, por el escritor francés Prosper Mérimée, autor de la novela *Carmen*, que constituyó la base de la famosa ópera *Carmen*, compuesta por Georges Bizet y estrenada el 3 de marzo de 1875 en París. La primera interpretación de la ópera fue extensa, más de cuatro horas y media de función que sobrepasaron la medianoche. Aunque la obra no quedó convertida en calabaza, la reacción del público fue tibia. Por contra, Charles-Camille Saint-Saëns, figura musical francesa asistente al estreno, felicitó a Bizet.

Camille Saint-Saëns fue un personaje dotado para la música, docto, intelectual y polifacético, que ejerció de compositor, pianista, organista, escritor, viajero, director de orquesta, caricaturista, militar francés, aficionado a la arqueología, a la botánica, a la geología, a la entomología y recordado por componer la espléndida ópera *Samsón y Dalila*. Nació en París el 9 de octubre de 1835, en el número 3 de la rue du Jardinet, y repitió nombre familiar en honor al hermano mayor del padre, un tal Jean-Baptiste Camille Saint-Saëns, respetado abad en la localidad costera de Dieppe, que ayudó a la comunidad marinera durante el brote de cólera de 1832.

Camille estaba señalado, por la disposición familiar acomodada, a ser el fino prototipo parisino, culto y bohemio. La catequesis quedó torcida a los pocos meses de edad, cuando Jacques-Joseph-Victor Saint-Saëns, padre de Camille y copista funcionario del Ministerio de Interior, falleció afectado de tuberculosis. Con la desgracia, el rumbo vital de la familia viró de repente. La muerte paterna cambió el destino de Camille. Los médicos sospecharon, con razón, que Joseph-Victor había contagiado la tisis al pequeño, y aconsejaron a Françoise Clémence Collin, madre de Camille, que enviara al niño, por periodo de dos años y al cuidado de una niñera,

Retrato adolescente del músico Pyotr Ilyich Tchaikovsky (1840-1893).

a respirar el oxígeno limpio y campestre de Corbeil, por entonces un pueblo en el camino a Fontainebleau. Superada la forzosa adopción pasajera, cuando Camille regresó a París encontró un hogar sostenido por dos viudas, la madre Clémence y una tía abuela llamada Charlotte Masson.

Clémence pintaba acuarelas de flores y pájaros que vendía para conseguir ingresos. Mientras, Charlotte, que había dado clases de lectura, música y bordado, estimuló a Camille para que practicara con el piano. El niño resultó un genio con oído absoluto. Pronto, con menos de cinco años, empezó a componer, y antes de la adolescencia debutó en público. Con poco más de treinta años, dirigió una serie de conciertos en los que el pianista solista era el célebre Antón Rubinstein, quien fundó el conservatorio de San Petersburgo en 1862. Uno de los primeros estudiantes del conservatorio fue Pyotr Ilyich Tchaikovsky, compositor ruso del periodo romántico que compuso la música de los ballets *El cascanueces, La bella durmiente* y *El lago de los cisnes.* Tchaikovsky obtuvo la graduación como el mejor alumno del conservatorio, y Nikolai Rubinstein, hermano de Antón, le arrendó un apartamento por seis años y le contrató como profesor. Camille Saint-Saëns, Nikolai Rubinstein y Pyotr Ilyich Tchaikovsky coincidieron en 1875 en Rusia con motivo de la celebración de siete conciertos benéficos en favor de la Cruz Roja, y, por sorpresa, Camille y Tchaikovsky, acompañados al piano por Nikolai, bailaron un ballet improvisado. En aquel momento, Tchaikovsky todavía no había desarrollado la pasión penitenciaria por los recios cigarros turcos y las bebidas alcohólicas, que sujetó durante incontables días y lastimeras madrugadas. Años más tarde, Tchaikovsky admitió que sufría de nervios y que no podía vivir sin la morfina del alcohol, acompañante diligente de borracheras nocturnas que de primeras infundía sentimientos placenteros y geniales. Sin duda, esta fue la causa de algunos de los padecimientos físicos del compositor, como fueron el dolor de cabeza, la pérdida de apetito y los problemas abdominales, estomacales, hepáticos y pancreáticos. La causa del dolor y la debilidad en las extremidades que sufría Tchaikovsky podrían ser atribuidas a la polineuritis alcohólica. Esta afección es un desorden neurológico que produce degeneración gradual en las neuronas del sistema sensorial y motor, siendo común en las personas con alcoholismo crónico. Contra aquellos males, el médico personal de Tchaikovsky recetó sales de Epson (sulfato de magnesio heptahidratado), aceite de ricino y un cambio de ambiente. Por supuesto, fueron remedios inútiles, por lo que la ciencia médica rusa de finales del siglo XIX no pudo mejorar la salud del compositor. A principios de 1893, Tchaikovsky comenzó a componer el que a la postre quedaría rotulado como su último trabajo, su sexta sinfonía. En el inicio del otoño de ese año concluyó la orquestación, y el 28 de octubre, apenas nueve días antes de la muerte del compositor, la obra fue presentada bajo la batuta del autor en San Petersburgo. La acogida fue recatada, y su hermano pequeño Modest denominó a la obra como Патетическая (*patetícheskaya*), que significa emotiva. Desde entonces, la sinfonía es conocida como *Sinfonía Patética,* y es una de las composiciones más frecuentes de la literatura musical mundial. Pocos días después del estreno, Tchaikovsky sufrió un cólico abdominal. El día 2 de noviembre, algo mejor, acompañó a varios comensales amigos y bebió un vaso de agua sin hervir, a pesar de que el cólera estaba extendido en la ciudad y de que su madre había muerto por la enfermedad en una epidemia anterior. Unas horas después, Tchaikovsky estrenó diarrea y comenzó a vomitar. El diagnóstico fue evidente, padecía cólera. El 3 de noviembre Tchaikovsky amaneció cianótico y con anuria. Ese mismo día, el barco a vapor Cabo Machichaco, después de haber pasado la cuarentena en el lazareto cántabro de la isla de Pedrosa por varios casos de cólera ocurridos en Bilbao, explotó y ardió en la bahía de Santander, provocando 600 muertos y 2.000 heridos en la que fue la mayor tragedia de carácter civil ocurrida en el siglo XIX en España. Con el cólera empezando a rugir, los médicos bañaron a Tchaikovsky en agua caliente, ya que en aquella época era el procedimiento habitual en caso de insuficiencia renal. No recuperó y murió de cólera el 6 de noviembre. Un día después, durante la representación del *Guillermo*

Tell de Rossini, que inauguraba la temporada operística en El Liceo de Barcelona, el anarquista Santiago Salvador Franch lanzó dos artefactos explosivos sobre el patio de butacas provocando la muerte de veinte personas.

En el siglo XIX, el filólogo e hidrólogo alemán Eucharius Ferdinand Christian Oertel sugirió combatir el cólera inundando el cuerpo humano con agua fría, por dentro y por fuera, pimplando gran cantidad de agua gélida, tomando baños de agua glacial y ayunando. El paciente más famoso que, en teoría, superó el cólera en base a un peligroso e incierto tratamiento fue el novelista francés Alexandre Dumas. A principios de 1832, el cólera, déspota y sátrapa, martilleaba París. Dumas observaba desde una ventana de la rue Saint-Lazaire, avistando a diario convoyes funerarios con decenas de vagones cargados de ataúdes rumbo al cementerio de Montmartre. En ese ambiente apagado y luctuoso, Dumas escribió la comedia *Le Mari de la veuve*, estrenada y representada, con escasa afluencia de algunos atrevidos descerebrados, en el teatro nacional Comédie-Française el 4 de abril de 1832. Menos de dos semanas más tarde, el 15 de abril de 1832, según el testimonio del propio Dumas, el autor contrajo cólera asiático, europeo, epidémico o contagioso, encontrándose cercano a la muerte cuando el ama de llaves, que había escuchado el remedio en alguna parte, suministró al escritor un vaso lleno de éter puro y un terrón de azúcar. Alexandre Dumas escribió que era imposible describir las convulsiones causadas por el líquido diabólico. El brebaje atravesó el torso de pajarillo del escritor cauterizando la conciencia casi de inmediato. Al despertar, Dumas creía estar muerto o en el infierno, hasta que estalló poco después en una copiosa transpiración, lo cual permitió declarar a un médico presente que estaba curado. El uso de cloroformo y de éter para tratar el cólera fue significativo en el siglo XIX, pero el rodaje de los años permitió poner en marcha la cordura y desestimar aquellas prácticas insensatas y falsas.

El cólera es una infección bacteriana causada por la especie *Vibrio cholerae*, que está dividida en más de 200 serogrupos diferentes. Alrededor del 20 % de los casos sintomáticos son graves, caracterizados por la aparición brusca de diarrea acuosa profusa y de vómitos que conducen a la deshidratación de la persona afectada. En los casos agudos de cólera, si el enfermo no es tratado mediante rehidratación intravenosa, corrección del desequilibrio electrolítico y administración de antibióticos, la enfermedad puede causar la muerte del paciente de forma rápida y dolorosa. Por fortuna, a pesar de que no existían terapias adecuadas en la época, Alexandre Dumas no sucumbió al cólera y superó la enfermedad. Gracias a ello pudo escribir muchas más obras, trasteando con el éxito y con el fracaso hasta producir dos obras inmortales de la literatura: *El conde de Montecristo* y *Los tres mosqueteros.* De primeras, la novela de *Los tres mosqueteros* fue publicada por folletines, entre marzo y julio de 1844, en el periódico *Le Siècle.* La trama de aventuras desarrollada en la novela enfrenta al joven protagonista D'Artagnan, en compañía de tres mosqueteros que sirven al rey Luis XIII, con el primer ministro del monarca, el cardenal Richelieu. El personaje novelesco de Richelieu está basado en la figura francesa histórica del noble Armand Jean du Plessis, cardenal-duque de Richelieu y primer ministro del rey Luis XIII desde 1624 hasta la muerte del prelado en 1642. Además de 1635 a 1642, el cardenal Richelieu fue el abad de la abadía de Cluny, importante monasterio benedictino situado en el departamento francés de Saône-et-Loire. A partir del siglo XIII, los abades de la orden de Cluny buscaron la comodidad capitalina y empezaron a residir en el Hôtel de Cluny, una mansión parisina enclavada en el corazón del barrio Latino. En la actualidad, el edificio alberga el Museo Nacional francés de la Edad Media, también conocido como Museo Cluny. Este museo posee la colección de vidrieras más rica de Francia y una gran colección de tapices seculares y religiosos entre los que destaca la serie de *La dama y el unicornio,* depositada allí desde 1882.

La dama y el unicornio no es el único conjunto de tapices donde el inverosímil animal es protagonista. Al unísono, destaca *La caza del unicornio,* enigmática y espectacular serie de siete tapices confeccionados en los Países Bajos entre 1495 y 1505. En la actualidad, los tapices pueden ser admirados en el museo The Cloisters, subsede del Museo Metropolitano de Arte de New York. Los paños están tejidos con hilos metálicos, seda y lana teñidas con vibrantes tonos amarillo, rojo y azul, procedentes de colorantes vegetales extraídos de la gualda (*Reseda luteola*), la rubia roja (*Rubia tinctorum*) y la hierba pastel (*Isatis tinctoria*).

Parece evidente que el unicornio es una criatura fantástica fundamentada en las descripciones de animales reales combinadas con historias míticas. Sin duda, el avistamiento de nuevos y raros animales en tierras lejanas dispararon la imaginación de los europeos durante la Edad Media. No conocemos con precisión cuándo, dónde y cómo comenzó la leyenda del unicornio, pero las características físicas del mito, similares a las de animales conocidos, condicionaron la base para que durante siglos fuera convertido en una especie de animal plausible. En este sentido, Chris Lavers, profesor de la Universidad de Nottingham, sugirió que en los pueblos del Himalaya y desde la meseta tibetana hasta Persia, el unicornio fue un auténtico Frankestein que recogió rasgos del chiru o antílope tibetano, del yak salvaje y del kiang. Otros autores, como Odell Shepard, sostienen que el rinoceronte indio, el antílope y el onager fueron la inspiración para engendrar al unicornio.

Las primeras descripciones del mito provienen de Ctesias de Cnido, historiador y médico griego del siglo V a. C. Ctesias creía que el unicornio era un asno salvaje indio que poseía un cuerno en la frente, que neutralizaba el veneno y brindaba protección contra las convulsiones y la epilepsia. El cuerno del unicornio ha sido asociado con la medicina y con la farmacia durante cientos de años. En la Edad Media era usado para curar plagas, fiebres, picaduras de serpientes y mordeduras de perros rabiosos. Los debates sobre la existencia del unicornio emergieron en los círculos académicos a principios del siglo XVIII, pero hasta 1746 el cuerno de unicornio no desapareció de la farmacopea francesa oficial. Por ello, las primeras décadas del siglo XVIII fueron un período clave en el relato material del cuerno de unicornio como una sustancia que las personas, casi siempre adineradas, podían consumir o exhibir en una farmacia, un botiquín casero e incluso en un gabinete de historia natural. El cardenal Jules Mazarin, sucesor del cardenal Richelieu y ministro de Luis XIV, poseía dos cuernos de unicornio que detentaban un lugar de honor en los armarios que conformaban su caprichosa colección de objetos inusitados. En 1694, el farmacéutico Pierre Pomet incluyó una ilustración, con cinco variedades de unicornios, en la monumental *Histoire Generale des Drogues, traitant des Plantes, des Animaux, & des Minéraux* publicada en París, advirtiendo que la existencia del animal no estaba probada y que los cuernos despachados con fines medicinales eran con probabilidad de narval. En 1756, noventa y cinco años después de la muerte de Mazarin, la colección del cardenal fue subastada constatando que la pieza número cuarenta y ocho era descrita como un cuerno de narval montado sobre la cabeza de madera de un caballo.

Ilustración de un narval publicada en 1860 en la obra *Brehms Tierleben*, libro científico de referencia escrito por el zoólogo alemán Alfred Edmund Brehm.

El narval es una especie única de cetáceo porque el macho adulto posee un colmillo cónico enrollado hacia la izquierda, semejante a un cuerno alargado, que emerge de la cabeza redondeada de frente bulbosa y que puede llegar a medir tres metros y pesar diez kilogramos. Esta particularidad es la que define el nombre científico en latín del cetáceo, *Monodon monoceros*. El hábitat del narval es el Ártico, por lo que las condiciones crudas de este ambiente han promocionado adaptaciones morfológicas al frío, como una capa gruesa de grasa corporal que supone un tercio de la masa corporal del animal. Además, el narval carece de aleta, sustituida por una cresta dorsal más ventajosa cuando está sumergido bajo las extensas y gruesas planchas de hielo marino. La presa principal del naval es el calamar, lo que ha promovido una reducción de los dientes y las superficies palatales gruesas, pero también una extraordinaria capacidad de buceo a gran profundidad para poder capturar la comida. El colmillo combina dureza y flexibilidad, y parece tener varias funciones: una, como marcador de dominio sexual entre los machos y arma en los enfrentamientos territoriales y, la otra, como receptor sensorial conectado con el sistema nervioso central. Esta última es poco conocida, pero varios investigadores sugieren que podría proporcionar al animal información esencial para sobrevivir en las heladas aguas del Ártico, como la temperatura y la salinidad del mar o incluso la detección de moléculas vinculadas a potenciales presas. La probabilidad de contemplar, en la Edad Media y en el Renacimiento, un narval vivo en Londres o París era tan remota como la de ver a una vaca de tres cabezas o a un minotauro bailando el cancán, así es que ante la falta de rastros palmarios, para dar cuenta de la existencia o inexistencia del unicornio, el pueblo recurría a las historias confiables de viajeros que habían tropezado con la criatura. Así, los marinos escandinavos de Islandia, Noruega o Dinamarca aprovecharon la ocasión y navegaron hasta Groenlandia y la costa este de Canadá buscando narvales para cazarlos y conseguir los preciados cuernos. Después, de vuelta a Europa, envolvían el tesoro en historias fantásticas, y vendían los hipotéticos y demandados cuernos de unicornio a precios desorbitados. De hecho, en el siglo XVI, la reina Isabel I de Inglaterra recibió un cuerno de unicornio, que en realidad era un colmillo de narval, valorado en 10.000 libras, importe suficiente para comprar un castillo. En 1603, año de la muerte de Isabel I, el dramaturgo inglés Thomas Dekker escribió la obra *The Wonderfull Yeare*, en la que describe el brote de peste bubónica que golpeó Londres. Seis años más tarde, Dekker escribió, con exageración, que el valor de un cuerno de narval equivalía al de media ciudad.

El poder del cuerno de unicornio residía en que en teoría portaba propiedades para curar enfermedades y proteger del mal. Por supuesto, eso incrementaba mucho la cotización, pero no el margen de mercado, que seguía siendo reducido. Así, la picaresca y nuevos formatos no tardaron en aparecer. El cuerno de unicornio en forma de polvo era mucho más barato y accesible para la plebe, que lo compraba hipnotizada al desconocer que en la mayoría de las ocasiones era falso por duplicado, ya que estaba hecho de huesos, pezuñas y otros desechos materiales abundantes, en lugar de estar fabricado con verdaderos dientes de narval. Las iglesias añadían el supuesto polvo de unicornio en el agua bendita, ofreciendo a los feligreses enfermos la esperanza de una cura milagrosa. Algunos médicos de Londres anunciaban que bebidas especiales hechas con polvo de cuerno de unicornio curaban el escorbuto, la gota, la tuberculosis, el raquitismo, las úlceras y la melancolía, entre muchas otras dolencias. Algunos afirmaban que era un excelente afrodisíaco para animar el alma y las vísceras. La locura por la venta y comercio del cuerno de unicornio era total. Las familias reales lo demandaban y guardaban con celo. Los reyes y las personas ricas y poderosas, ansiosas por eliminar los pecados y salvaguardar la vida, tenían copas echas con este material, pues suponían que eliminaba el veneno de las bebidas contaminadas. Federico III, rey de Dinamarca y Noruega desde 1648 hasta su muerte en 1670, encargó, como símbolo de poder e invulnerabilidad, la creación de un nuevo trono fabricado con cuerno de unicornio. La silla trono fue construida con ágata y colmillo de narval entre 1662 y 1671 por el pintor y carpintero danés Bendix Grodtschilling. La propiedad danesa de Islandia y de las islas Feroe facilitó la llegada a Dinamarca de los dientes de narval. El asombroso trono está custodiado por tres leones de plata, inspirados en las historias recogidas en el antiguo testamento sobre el trono del rey Salomón. Los leones representan los tres estrechos daneses, el Gran Belt, el Pequeño Belt y el estrecho de Øresund, que separa la isla danesa de Selandia con la provincia sueca de Escandia, y que es una de las vías marítimas más transitadas del mundo. El trono parece un sitial gótico, y fue utilizado en las coronaciones danesas desde 1671 hasta 1840. En la actualidad está emplazado en el palacio de Rosenborg en Copenhague.

Con el tiempo, las nuevas y numerosas expediciones a los confines marinos, el comercio ballenero y el conocimiento público de los narvales incrustaron el mito del unicornio en el mundo de las fábulas. Así, durante el movimiento de la Ilustración, el pensamiento racional dominó las discusiones intelectuales, y los cambios sociales motivaron un desprecio hacia las especulaciones sobre la existencia del unicornio. Sin embargo, la llegada del periodo romántico avivó de nuevo la leyenda, y fueron emprendidas algunas expediciones por la región del Himalaya, Asia central y África para buscar evidencias de que el animal mitológico era real. La última misión de este tipo fue celebrada en Uganda en 1899, y estuvo encabezada por el lingüista y explorador británico sir Henry Hamilton Johnston, comisionado especial para la administración colonial de la región. Johnston había oído hablar de un animal que los informes de prensa europeos denominaban unicornio africano. La bestia había sido mencionada en 1887 en el diario de viaje del periodista y explorador británico Henry Morton Stanley, famoso por recibir el encargo, en 1869, de buscar al perdido médico y misionero británico David Livingstone. Stanley aludía a las narraciones de la etnia pigmea Mbuti sobre un misterioso caballo de talla pequeña. La curiosidad de Hamilton Johnston por el anónimo unicornio encontró alimento en los relatos pig-

Okapi · *Okapia johnstoni* (Sclater)

meos y en las huellas animales que le mostraron. Johnston estaba perplejo. Rastreó con firmeza las raras huellas de pezuña hundida de dos dedos que dejaba el enigmático animal, pero no pudo encontrarlo. Sin embargo, en el bosque de Ituri, situado al noreste de la República Democrática del Congo, consiguió un cráneo y un par de tiras de piel cortadas de la parte trasera de los restos de un animal muerto. La piel presentaba un extraño dibujo rayado, y Johnston la envió en 1900 a la Sociedad Zoológica de Londres. La sorpresa fue mayúscula. El cráneo y la piel no pertenecían a ninguna especie animal conocida. En 1901, el zoólogo inglés Philip Lutley Sclater, a partir de una acuarela pintada por Hamilton, realizó la primera descripción física oficial del animal, al que denominó *Equus johnstoni*, en honor a Hamilton Johnston. Sclater destacó que el descubrimiento de Johnston no era ningún tipo de cebra o individuo equino. Al poco, el zoólogo sir Edwin Ray Lankester renombró la especie con el término definitivo y actual de *Okapia johnstoni*. La nueva especie revelada por Hamilton Johnston resultó ser el okapi, el último gran mamífero descubierto en África.

El okapi es un mamífero artiodáctilo de la familia de las jirafas que habita en una zona concreta de la República Democrática del Congo, entre los ríos Uëlle e Ituri y en las selvas de Aruwimi. Es un animal huidizo, evasivo y solitario, características que con probabilidad han favorecido que permanezca oculto a la ciencia durante cientos de años. En el año 2018, investigadores suizos publicaron la descripción de un nuevo papilomavirus denominado OjPV1, detectado en lesiones dérmicas de un okapi del zoo de Basilea. Tras la experiencia del okapi, Hamilton Johnston reflexionó y consideró que el planeta había sido explorado demasiado bien como para no haber encontrado pruebas sólidas de la existencia del unicornio, por lo que al final desdeñó cualquier esperanza de que el animal fuera real.

🕮 PARA LEER MÁS:

- Christen, Arden. (2011). The unicorn and the narwhal: a tale of the tooth. *Journal of the history of dentistry* 59 (3): 135-142.
- Ganesan, Divya. (2020). Cholera surveillance and estimation of burden of cholera. *Vaccine* 38: 13-17.
- Harington, Richard. (2008). The evolution of arctic marine mammals. *Ecological Applications* 18 (2): 23-40.
- Lavers, Chris. (2009). *The natural history of unicorns.* New York, NY, Granta Books. 1-37.
- Ramsauer, Anna. (2018). Detection and Characterization of Okapi (*Okapia johnstoni*)-specific Papillomavirus type 1 (OjPV1). *Veterinary Microbiology* 223: 113-118.
- Smith, Margaret. (2015). Mechanical properties of wool and cotton yarns used in twenty-first century tapestry: Preparing for the future by understanding the present. *Studies in Conservation* 60 (6): 375-383.
- Spary, Emma. (2019). On the Ironic Specimen of the Unicorn Horn in Enlightened Cabinets. *Journal of Social History* 52 (4): 1033-1060.

El chupacabras

El observatorio de Arecibo alardea de un gigantesco ojo de aluminio con el que inspecciona sin descanso el cosmos buscando extraterrestres. La antena del radiotelescopio, de 305 metros de diámetro y 51 metros de profundidad, es imponente. El dispositivo es un disco circular de 81.000 metros cuadrados, superficie semejante a la de doce campos de fútbol, que ha sido forrado con 40.000 paneles metálicos y que ocupa el territorio de una antigua granja de tabaco construida en un sumidero kárstico selvático en el barrio Esperanza, del municipio de Arecibo, en el norte de Puerto Rico. La instalación pertenece al Centro Nacional de Astronomía e Ionosfera (NAIC), y desde la década de 1960, cuando fue construida, hasta el año 2011, estuvo administrada por la Universidad de Cornell. La construcción, financiada por el gobierno de los Estados Unidos de América, tiene las funciones de estudiar planetas y asteroides; la atmósfera de la Tierra hasta el espacio; y las estrellas del espacio profundo. El observatorio no es un mero receptor, también tiene capacidad de transmitir. El 16 de noviembre de 1974, el radiotelescopio de Arecibo envió un simbólico mensaje de 1.679 bits, diseñado por los astrónomos Frank Drake y Carl Sagan, entre otros, en dirección al cúmulo globular de la constelación de Hércules, para intentar establecer contacto con posibles entidades extraterrestres. La comunicación recibió la denominación de mensaje de Arecibo, y contenía información sobre la Tierra y la especie humana.

El profesor de física estadounidense Philip Morrison, en 1976.

En 1995, quizás consecuencia de la comunicación, llegó el primer extraterrestre al observatorio de Arecibo. Respondía al nombre de Sil y era fuerte, rápida, sensual y letal. Sil era hembra, un híbrido desconcertante entre alienígena y humano, que podía presentar aspecto aterrador, exhibiendo grandes y amenazantes púas en la espalda. Por fortuna, Sil era el personaje principal de la película de ciencia ficción *Species*. Varias escenas del largometraje, dirigido por Roger Donaldson y protagonizado por la actriz Natasha Henstridge, fueron rodadas en el observatorio de Arecibo. El argumento de la película, para dar consistencia a la trama y a la aparición de Sil, incluyó al programa SETI de búsqueda de inteligencia extraterrestre.

El germen del proyecto SETI (Search for ExtraTerrestrial Intelligence) se gestó en 1958, Año Geofísico Internacional, durante una reunión convocada por la Academia Americana de Ciencias (National Academy of Sciences o NAS). La Academia emplazó a un grupo de expertos para debatir sobre las oportunidades científicas que brindaba la radioastronomía en la detección de posibles señales de civilizaciones extraterrestres que estuvieran arraigadas lejos del Sistema Solar. Entre los asistentes estaba el físico Philip Morrison, que un año más tarde, junto a Giuseppe Cocconi, publicó en la revista *Nature* un artículo técnico titulado «Searching for Interstellar Communications» («Buscando comunicaciones interestelares»). La peregrina idea de Morrison y Cocconi era que si los alienígenas tenían tiempo y ganas de entablar comunicación con otros seres, utilizarían la misma frecuencia que el elemento más abundante del Universo, el hidrógeno. El artículo de *Nature* fue la yesca que necesitaba el proyecto para prender. SETI nació en noviembre de 1960, y empezó a buscar frecuencias electromagnéticas emitidas alrededor de los 1.420 megahercios, las mismas manifestadas por los átomos de hidrógeno. El 15 de agosto de 1977, a las 23.16 horas, el radiotelescopio Big Ear de la Universidad Estatal de Ohio recibió, durante setenta y dos segundos, una señal de radio de origen desconocido proveniente de la constelación de Sagitario. Pocos días después, el astrónomo Jerry

R. Ehman, que trabajaba como voluntario en el proyecto SETI, descubrió el registro y la señal, la más intensa detectada por un radiotelescopio hasta entonces. ¿Estaban los alienígenas llamando a la puerta? La señal recibió el apelativo de Wow! (¡Guau!) por la anotación que Ehman apuntó en el papel continuo de la computadora que reflejó la secuencia. Durante décadas, Wow! fue considerada una señal de procedencia extraterrestre, pero en el año 2016, sin necesidad de espada láser, la conjetura quedó cercenada por Antonio Paris, astrónomo del St. Petersburg College de Florida. Paris demostró que la señal Wow! pudo ser producida por el rastro de hidrógeno del cometa periódico 266P/Christensen, que pasó cerca de la Tierra en agosto de 1977, pero del que no tuvimos conocimiento hasta el año 2010.

Durante 1995, en Puerto Rico aparecieron un número inusual de cadáveres desangrados de cabras, conejos, pollos, ovejas y otros animales de granja, en apariencia por orificios presentes en el pecho y en el cuello. El jueves 17 de agosto de 1995, con toda la fanfarria desplegada, la película *Species* exhibió músculo y estreno en Puerto Rico. Las salas de cine se hincharon, casi hasta la indigestión, de tantos espectadores que engulleron. Quien más y quien menos quería ver en la pantalla al observatorio de Arecibo, orgullo patrio, por el que escapaba azorado un bicho alienígena. O bicha más bien, porque al parecer los extraterrestres, al contrario que los ángeles, tenían sexo. A las pocas semanas del estreno, todavía con el susto bien prendido, comenzaron los relatos. Madelyne Tolentino, vecina del municipio puertorriqueño de Canóvanas, aseguró haber observado a una espeluznante criatura que podría ser la personificación de satanás o, al menos, la responsable de la muerte de decenas de animales domésticos masacrados en la región. Aquí y allá surgieron avistamientos, cada vez más abundantes, de una alimaña inhumana. Los paisanos estaban asustados, todo apuntaba a que una bestia asesina desconocida merodeaba las granjas, las alquerías y las fincas, sedienta de sangre, de almas o de mordiscos en los cuartos traseros. Los cuerpos de los animales muertos encontrados estaban secos, con las existencias sanguíneas enjugadas o sorbidas, o vaya a saber usted qué pasó y cómo ocurrió, pero el caso es que ni rastro de plasma, dijeron los lugareños. La sangre estaba esfumada y el canguelo infundido. Los vestigios, tanto los mundanos como los novelescos, apuntaban a un mal bicharraco que gustaba de endiñarse lingotazos de sangre, así a palo seco, por lo que pronto fue apodado como el Chupacabras.

El Chupacabras campó a sus anchas en las haciendas y en las pesadillas puertorriqueñas hasta que mostró afán viajero, y la leyenda urbana apareció también en otros países del entorno. En Puerto Rico, los informes recogidos sobre los encuentros imprevistos de los aldeanos con la criatura, que por poco no eran de tercera fase, atestiguaban, al cobijo de la sugestión, que el ente deambulaba a dos patas; presentaba largos colmillos; color gris oscuro; ojos rojos; y pronunciadas espinas surcando la espalda. Es decir, una figura similar a la de Sil, la alienígena de la película *Species*. Es muy probable que Sil influyera en la percepción de los habitantes de Puerto Rico, porque las autoridades municipales no encontraron a ningún extraterrestre tras organizar y realizar más de doscientas batidas. Otras posibilidades eran que la criatura hubiera retornado a casa como E.T. o regresado al rincón del averno del que escapó, porque a principios de 1996 las escaramuzas del Chupacabras parecieron desaparecer. En realidad, debió de ser una tregua negociada con el invierno, porque regresó con ínfulas en primavera, presentando tarjeta de visita en una granja en Aguas Buenas, donde acalló a treinta gallos y gallinas. La matanza fue extendida al barrio Sumidero, en especial a los sectores de la Araña, la Vega y la Capilla, donde el Chupacabras pasó revista a centenares de pollos, patos, ocas, cabras, corderos y vacas. En poco tiempo, la historia del Chupacabras brincó comedida de los titulares periodísticos locales a las reseñas en *The New York Times* y en *The Washington Post*, y, desde allí, con poco esfuerzo, saltó al estrellato.

El Chupacabras deambuló entre el mito, el anonimato, la superchería, la ufología y la desinformación, hasta que varios expertos forenses anunciaron que las huellas encontradas y el tipo de ataques perpetrados parecían estar relacionados con alguna especie de cánido. ¿Tanto revuelo por un perro? Sin duda las primeras observaciones habían estado influidas por la película *Species*. Tras analizar los diferentes sucesos, los investigadores llegaron a la conclusión de que los ataques fueron realizados por coyotes que sufrían casos severos de sarna, una infección cutánea provocada por un ectoparásito microscópico llamado *Sarcoptes scabiei*. Los temidos Chupacabras resultaron ser desdichados coyotes sarnosos.

La sarna ha sido reconocida desde tiempos bíblicos, siendo de las primeras enfermedades humanas con etiología conocida. Entre los siglos I y XVI fueron descritos numerosos tratamientos en Europa y Oriente Medio, que procuraban combatir la sarna aplicando aceite de oliva, lupino, vino, alquitrán o grasa. En la Primera Guerra Mundial, la sarna estaba muy extendida en Europa, y en 1918 el laboratorio J. Marti de Barcelona comercializó en España un prepa-

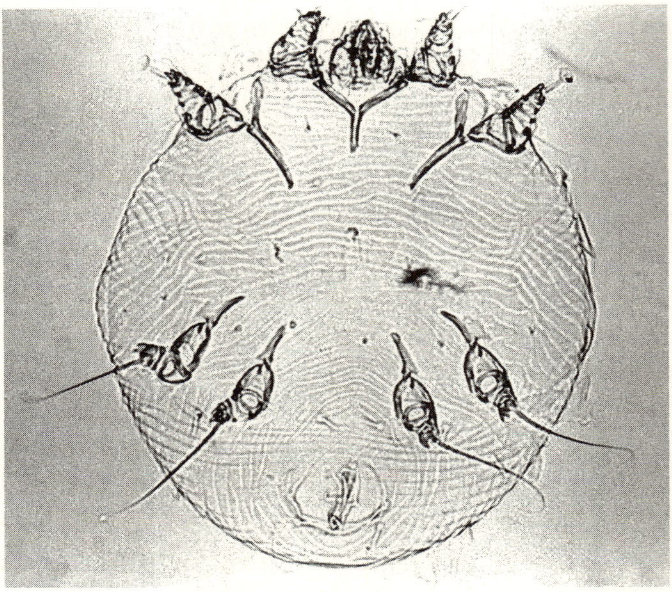

Micrografía mostrando una vista ventral del ácaro de la sarna humana *Sarcoptes scabiei var. hominis*. (Public Health Image Library, Centers for Disease Control and Prevention, CDC).

rado para combatir la infección, realizado a base de etanol y cresolina, que recibió el nombre de Antisárnico Marti. El ácaro acarreaba picor, pero también oportunidad de negocio. Pocos años después, el Laboratorio Caballero fabricó en Barcelona una loción contra la enfermedad que bautizó como Sulfureto Caballero. El enjuague prometía destruir al *Sarcoptes scabiei* de una sola fricción, sin baño previo, haciéndolo desaparecer por completo y siendo aplicable en todas circunstancias y edades por su perfecta inocuidad. Según los tratados médicos del siglo XIX, como el escrito por el catedrático don Francisco Salvá en 1802, para la sarna simple, la de andar por casa, una de esas recién cogidas, bastaba aplicar el consabido Sulfureto para erradicar al bichejo. Por lo visto, el tal Sulfureto era la mezcla resultante de combinar dos onzas de flores de azufre, una de cal y cuarenta de agua, y a veces incluso bastaba con la mitad.

Con o sin Sulfureto, el ciclo de vida del ácaro de la sarna comienza con una madre buscando un futuro mejor para la prole. La hembra embarazada excava hacendosa en la epidermis humana para depositar de dos a tres huevos por día. Las larvas emergen desperezadas transcurridas 48-72 horas y, como es lógico en tan corta edad, no paran quietas ni atienden a razones, por lo que corretean desaforadas hasta formar nuevas madrigueras. Pasados de diez a catorce días, las larvas maduran; alcanzan la edad adulta; consuelan a mamá; y se lanzan a recorrer piel en busca de un compañero o compañera que colme sus expectativas. Encontrada pareja y cortejada sin demasiada alharaca, lo normal es que intimen un poquito, lo suficiente para que, como cantó Elton John en *El rey león*, el ciclo de la vida continúe.

La transmisión de la enfermedad requiere un poco de apego, porque suele ocurrir por contacto directo de piel a piel. Los científicos suponen que a lo largo de la historia las personas contagiaron el parásito a los animales domésticos como el perro, y de este pasó a cánidos salvajes como lobos, zorros o coyotes. En la vida silvestre, la comprensión de los mecanismos de transmisión es deficiente y parece probable que varíe e incluya tanto transmisión directa en especies

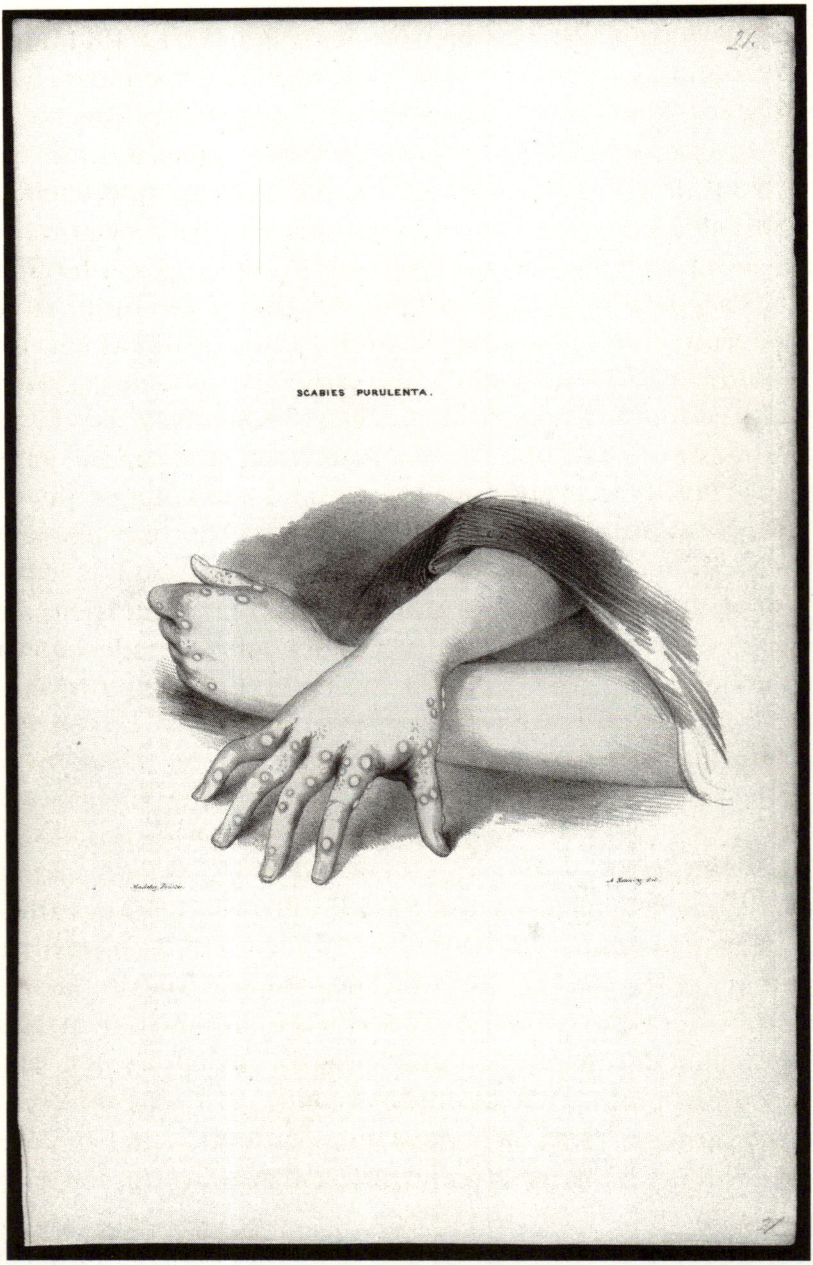

Ilustración que muestra algunas de las lesiones cutáneas que puede provocar la sarna en humanos, extraída de la obra *Illustrations of cutaneous disease: a series of delineations of the affections of the skin in their more interesting and frequent forms; with a practical summary of their symptoms, diagnosis, and treatment, including appropriate formulae* [Robert Willis].

sociables como indirecta en especies solitarias. En los humanos, el ácaro causa la sarna, pero en animales la enfermedad es conocida como sarna sarcóptica. Los coyotes infectados sufren una afección cutánea muy dolorosa que origina diversos tipos de lesiones incluidas alopecia; hiperpigmentación; piel gruesa con costras y fisuras; hiperqueratosis; y eritema a menudo acompañados por prurito intenso. La infección debilita y desfigura al animal convirtiéndole en un horrible monstruo, que puede ser confundido con facilidad con un engendro de otro mundo. La sarna sarcóptica suele acarrear la muerte del coyote por infecciones secundarias, asociadas a bacterias y a levaduras, o por emaciación, que supone gran pérdida involuntaria de peso corporal. Los animales afectados, débiles y decaídos, buscan presas fáciles, y por ello atacan al ganado y a otros animales domésticos.

A pesar de que, según quien la pille, la sarna suele ser molestia menor en humanos, en ocasiones puede causar morbilidad significativa debido a que los constantes y cáusticos picores interrumpen el sueño, dificultan la concentración y disminuyen la productividad. Además, a menudo la sarna puede ir acompañada de malas compañías como *Staphylococcus aureus* y *Streptococcus pyogenes*, que causan infecciones bacterianas de la piel. Esta situación puede incluir patologías severas de tejidos blandos como abscesos, celulitis y fascitis necrotizante, e infecciones bacterianas invasivas, incluida la bacteriemia que conduce a la muerte por sepsis. La enfermedad estreptocócica de la piel también puede conducir a enfermedades inmunomediadas graves, como la glomerulonefritis y la fiebre reumática aguda. En ambientes tropicales, las infecciones de la piel son responsables del 50 % de los episodios de glomerulonefritis aguda post-estreptocócica (APSGN), unos 470.000 casos anuales. Además, los brotes de APSGN coinciden con los de sarna. La preocupación hacia la sarna provocó que en el año 2017 la enfermedad fuera agregada a la lista de Enfermedades tropicales desatendidas (ETD) de la Organización Mundial de la Salud (OMS). Algunos ensayos sugieren que la sarna es tratada con efectividad administrando permetrina tópica e ivermectina oral.

Cartel de la película *La tentación vive arriba*, dirigida por Billy Wilder, que en inglés se titula *The Seven Year Itch.*

La ivermectina es una sustancia antihelmíntica y microfilaricida, que fue obtenida a partir de las avermectinas aisladas por fermentación de la actinobacteria *Streptomyces avermitilis*. La ivermectina es ampliamente utilizada contra la filariasis linfática y en programas de eliminación de oncocercosis. En abril de 2020, un grupo de investigadores australianos anunciaron que la ivermectina había dado resultados positivos in vitro contra el coronavirus SARS-CoV-2, por lo que empezó a ser contemplada como posible antiviral para combatir la enfermedad COVID-19.

La sarna era una enfermedad común durante las guerras napoleónicas y también en la guerra civil americana, donde recibió el sobrenombre de «el picor del séptimo año». La frase tomó popularidad a mediados del siglo XX, al ser utilizada como título de la película estadounidense *The Seven Year Itch*, basada en la obra teatral homónima de George Axelrod. *The Seven Year Itch* es una comedia romántica estrenada en junio de 1955 y que en España recibió el nombre de *La tentación vive arriba*. La película está protagonizada por Marilyn Monroe y Tom Ewell, y la trama gira en torno a una crisis de madurez del protagonista masculino. En la comedia, un ejecutivo editorial llamado Richard Sherman (Tom Ewell), con la esposa e hijo veraneando en Maine, brujulea por la casa familiar revisando el manuscrito de un libro escrito por el doctor Brubaker, psiquiatra de profesión. Brubaker argumenta que casi todos los hombres tienen una relación extramarital en el séptimo año de matrimonio, el denominado picor del séptimo año, que da título a la comedia. La afirmación incendia la imaginación de Sherman que empieza a fantasear con la nueva y atractiva vecina encarnada por Marilyn Monroe. La comedia ha dejado una de las escenas más recordadas de la historia del cine, en la que el personaje de Marilyn transita sobre unas rejas callejeras de ventilación que de repente airean el vestido de la actriz hacia arriba. De últimas, el libidinoso Richard Sherman consigue resolver los conflictos morales que picoteaban su conciencia, y es que ya lo recoge el refranero, sarna con gusto no pica, pero mortifica.

🕮 PARA LEER MÁS:

- Arlian, Larry. (2017). A review of *Sarcoptes scabiei*: past, present and future. *Parasites & Vectors* 10: 297.
- Chandler, David. (2019). A Review of Scabies: An Infestation More than Skin Deep. *Dermatology* 235: 79-90
- Engelman, Daniel. (2013). Toward the Global Control of Human Scabies: Introducing the International Alliance for the Control of Scabies. *PLOS Neglected Tropical Diseases* 7 (8): e2167.
- Mathews, John. (2013). A short history of geophysical radar at Arecibo Observatory. *History of Geo- and Space Sciences* 4: 19-33
- Raffi, Jodi. (2019). Review of Scabies in the Elderly. *Dermatologic Therapy* 9: 623-630
- Romani, Lucia. (2019). Efficacy of mass drug administration with ivermectin for control of scabies and impetigo, with coadministration of azithromycin: a single-arm community intervention trial. *The Lancet Infectious Diseases* 19: 510-518.

El baile de San Vito

Pulcinella es un *ballet* encantador escrito por el compositor y director de orquesta ruso Igor Stravinsky, y está basado en partituras de Pergolesi y de otros autores barrocos. En febrero de 1736, Pergolesi enfermó de tuberculosis y se retiró al monasterio de Pozzuoli, cerca de Nápoles. Allí, por encargo de la cofradía de San Luigi di Palazzo de Nápoles, y sabiendo que iba a morir con apenas veintiséis años, Pergolesi compuso, pocas semanas antes de fallecer por la tuberculosis, el magnífico y atribulado *Stabat Mater.*

Igor Stravinsky nació el 17 de junio de 1882 en Oranienbaum (hoy Lomonosov), pequeña residencia real rusa ubicada en el golfo de Finlandia. Stravinsky es considerado un revolucionario musical. La prematura fama del compositor estuvo motivada, en parte, por la desenfrenada recepción que obtuvo por la composición del *ballet La consagración de la primavera*, representada por vez primera el 29 de mayo de 1913 en el Théâtre des Champs-Élysées de París. La música de *La consagración de la primavera* fue tildada de vanguardista y la coreografía causó sensación. Tras la *première* de la obra, Stravinsky contrajo fiebre tifoidea por consumir ostras en mal estado, y quedó confinado en un hogar de ancianos parisino hasta el 11 de julio. Por fortuna sobrevivió a la enfermedad, algo que no ocurrió con Gury Stravinsky, hermano menor del compositor, que murió afectado por la fiebre tifoidea cuatro años más tarde.

La fiebre tifoidea y la fiebre paratifoidea son enfermedades infecciosas sistémicas de importancia mundial, causadas

El compositor ruso Igor Stravinsky en 1903.

por las bacterias *Salmonella enterica* subespecie *enterica* serovar typhi (*Salmonella* typhi de nombre abreviado) o *Salmonella enterica* subespecie *enterica* serovar paratyphi (*Salmonella* paratyphi de nombre corto). El curso de estas enfermedades infecciosas de transmisión fecal-oral está caracterizado por fiebre alta y prolongada, pero los síntomas también incluyen fatiga, dolor de cabeza, náuseas, dolor abdominal y estreñimiento o diarrea. En ausencia de tratamiento, la enfermedad puede ser grave y letal. Hoy en día, la fiebre tifoidea y paratifoidea siguen manteniendo impacto sustancial en la salud humana, en especial en Asia y en África subsahariana. El acceso adecuado al agua potable, al saneamiento y a la higiene continúan siendo pilares angulares de la prevención, pero en muchos entornos empobrecidos no están disponibles. Por otra parte, la aparición de resistencia a los antibióticos afecta al tratamiento de las infecciones y agrega urgencia a los esfuerzos de control de la fiebre tifoidea y paratifoidea. En la actualidad, como terapia de primera línea, están recomendadas las cefalosporinas de tercera generación, como la ceftriaxona. Por supuesto, las vacunas brindan oportunidades para prevenir y controlar las enfermedades en entornos endémicos, pero las disponibles solo actúan contra *Salmonella* typhi y alcanzan exiguas tasas de protección de entre el 50 % y el 70 %. La estimación actual es que en el mundo enferman de fiebre tifoidea entre once y veintiún millones de personas cada año, y de ellas mueren entre 128.000 y 161.000.

A los pocos meses del estreno de *La consagración de la primavera*, el 15 de enero de 1914, nació el cuarto hijo de Igor Stravinsky y Yekaterina Gavrilovna Nosenko, prima y esposa del compositor. Tras el parto, Yekaterina descubrió que padecía tuberculosis y quedó recluida en un sanatorio de Leysin, en los Alpes. Stravinsky montó el campamento familiar cerca de allí, y el 28 de marzo completó la obra *Le Rossignol* (*El ruiseñor*), basada en un cuento de Hans Christian Andersen. En abril, la familia pudo regresar a la pequeña villa suiza de Clarens, donde Stravinsky había escrito *La consagración de la primavera* y algunos años más tarde haría lo propio con *Pulcinella*. Por desgracia, la tuberculosis nunca olvidó a la familia, entre los años 1938 y 1939 la enfermedad golpeó con crudeza al clan, causando la muerte de Ludmilla y Yekaterina, hija y esposa de Stravinsky, así como de Anna Kirillovna Stravinskaya, la madre del compositor. El mismo Stravinsky padeció tuberculosis en aquel periodo y estuvo forzado a reposar durante cinco meses, en un sanatorio suizo para tuberculosos. Ludmila murió en el mes de noviembre de 1938; Yekaterina falleció en marzo de 1939; y Anna Kirillovna feneció en junio de 1939. Al principio de septiembre de 1939 estalló la Segunda Guerra Mundial, y a las pocas semanas Stravinsky emigró a los Estados Unidos de América.

Casi dos décadas antes de la desgracia familiar, *Pulcinella* fue estrenada en la Ópera de París el 15 de mayo de 1920, bajo la batuta del director de orquesta suizo Ernest Ansermet, que durante la Primera Guerra Mundial coincidió y entabló amistad en Suiza con el exiliado Igor Stravinsky. El estreno estuvo comisionado por Sergei Diaghilev, empresario y fundador en 1907 de la célebre compañía de *ballet* itinerante

Dibujo realizado en 1887 por el ilustrador Juan Comba, describiendo la representación de una tarantela napolitana en el palacio de los marqueses de Viana en Madrid.

los Ballets rusos, considerada la más influyente del siglo XX. Además, el debut estuvo acompañado del libreto y coreografía del majestuoso bailarín ruso Léonide Massine y del vestuario y decorado, espectacular, diseñado por el admirado Pablo Picasso. Dos años después, Stravinski extrajo de la música original una suite para orquesta de cámara, sustituyendo los pasajes cantados por fragmentos instrumentales. En música, la palabra *suite* es utilizada para designar el formato compuesto por movimientos instrumentales breves mediante la sucesión de piezas sencillas. Uno de los números musicales que componen la *suite* de la *Pulcinella* es una tarantela napolitana.

La tarantela es una popular danza rápida tradicional del sur de Italia, que suele ser ejecutada con compás binario de seis por ocho y subdivisión ternaria. El nombre del baile deriva de *taranta*, término dialéctico utilizado en diversas regiones del sur italiano para designar a la *Lycosa tarentula*, la araña de mayor tamaño de Europa. La *Lycosa tarentula* recibe el apelativo de araña lobo o tarántula europea, y está muy extendida en el sur de Europa, en particular en la región italiana de Apulia y en la ciudad de Taranto, de donde recibe el apodo. Los instrumentos utilizados en la tarantela suelen ser el violín, la guitarra, la cornamusa, el tambor y el acordeón, acompañados de palmas, castañuelas y pandereta que imprimen ritmo frenético y vigoroso al baile, compitiendo con la cadencia cardiaca desbocada de los danzarines. La mayoría de las tarantelas son bailadas en círculo o por parejas, y el tipo de danza está relacionada con la terapia utilizada durante la Edad Media para combatir una especie de locura denominada tarantismo. Según las crónicas, el tarantismo era provocado por la picadura de la araña lobo. La creencia aseguraba que el veneno del arácnido provocaba melancolía, agitación, confusión, convulsiones, dolor físico, malestar mental, angustia y sufrimiento moral. La ponzoña que recorría el cuerpo de las personas mordidas por la araña debía ser eliminada mediante el sudor, y para ello los afectados bailaban la tarantela, con movimientos cada vez más rápidos y estridentes hasta conseguir licuar el tóxico y eliminarlo exudando a chorretones. Los meses veraniegos eran la época habitual para la práctica del tarantismo, porque, por una parte, los infortunados encuentros entre arañas y humanos en menesteres de cosecha eran más frecuentes y, por otra, la temperatura elevada echaba una mano con el arranque de la sudoración. El fenómeno del tarantismo era extenso en Italia, y en algunas localizaciones puntuales como Salento, los rituales danzantes para combatir la supuesta enfermedad fueron realizados hasta mediados del siglo XX.

Es difícil atisbar la repercusión que tuvo el tarantismo en los ciudadanos, porque es un fenómeno complejo que ha tenido múltiples interpretaciones médicas, psiquiátricas, sociológicas y antropológicas, y que ha entremezclado varios tipos de tesituras. Por un lado, el término tarantismo hace referencia a la enfermedad que produce la mordedura de la tarántula, que era considerada mortal. Por otro, el tarantismo también aludía al baile curativo que causa la música en los «tarantulados» y a los bailes y alteraciones del comportamiento de origen histérico, desencadenados por la música y relacionados con la manía danzante de la Edad Media.

A partir del siglo XIX, el baile de la tarantela fue cuestionado como remedio tradicional para combatir el tarantismo, pero siguió presente en el folclore popular como refleja un pasaje de la zarzuela *La Tempranica*, estrenada el 19 de septiembre de 1900 en el Teatro de la Zarzuela de Madrid con música de Gerónimo Giménez y libreto de Julián Romea Parra. La pieza, que sigue siendo de las favoritas entre las solistas de los conciertos de zarzuela, es la siguiente:

> *La tarántula e un bicho mu malo, / no se mata con piedra ni palo / que juye y se mete / por tós los rincones / y son mu malinas.*
> *¡Ay mare! no sé que tengo, / que ayé pasé po la era / y ha prencipiaíto a entrame / er mal de la temblaera.*
> *¿Será que a mí me ha picao / la tarántula dañina, / y estoy toitico enfermao / por su sangre tan endina?*
> *¡Te coman los mengues, / mardita la araña / que tié en la barriga / pintá una guitarra!*

Bailando se cura / tan jondo doló... / Ay ay ay / ¡Malhaya la araña / que a mí me picó!
No le temo a los rayos ni bala, / ni le temo a otra cosa más mala. / Que me hizo mi pare / más guapo que er Gallo, / pero a ese bichito / lo parta un rayo.
¡Ay, mare! Yo estoy malito, / me está entrando unos suores que m'han dejaito seco / y comio de picores.
¿Será que a mí ma picao / la tarántula dañina, / y por eso me he quedao / más dergao que una sardina?
¡Te coman los mengues, / mardita la araña / que tié en la barriga / pintá una guitarra!
Bailando se cura / tan jondo doló... / Ay ay ay / ¡Malhaya la araña / que a mí me picó!

El primer testimonio oficial de la existencia en España del fenómeno del tarantismo quedó recogido en el denominado Expediente de la tarántula, abierto en agosto de 1782 por don Miguel Cayetano Soler, juez de la comisión nombrada por el Supremo Consejo de Castilla para investigar los acontecimientos acaecidos en La Mancha ciudadrealeña.

El 4 de agosto de 1784, Manuel Córdoba, habitante de la localidad de Daimiel (La Mancha), sintió entre sueños, a eso de la una de la noche, una picadura a la cual en un principio no prestó atención. Sin embargo, poco después comenzó a experimentar un dolor que se iba extendiendo desde el cuello hacia el estómago, y que le dejaba los miembros entumecidos. Los dolores se iban apoderando de su cuerpo, y eran tan penetrantes que tenía la impresión de que una serpiente se le había ceñido alrededor y se introducía en su interior. Le dijo a su mujer que se estaba muriendo. Se avisó al médico local, el licenciado don Mariano Candela, quien habiendo oído las informaciones sobre el estado agónico del paciente, aconsejó en un primer momento que el enfermo se confesara, algo que este hizo con sus últimas fuerzas. Sin embargo, tras analizar al paciente cambió su decisión, y ordenó que se le administrara una lavativa y se le dieran bebidas calientes. Este tratamiento no solo no ayudó, sino que el estado del enfermo empeoró: empezó a tener convulsiones y a cubrirse de sudor frío. Se mandó traer los santos óleos. Fue entonces cuando uno de los vecinos dijo: «no sea que le haia picado la tarantéla, y si fuese asi mui pronto estará bueno, pues Fulgencio Martin Negrillo sabe tocar el son conqe se curan todos, y acaban de hacerlo en Manzanares dos picados y otro en Almagro». Se encontró pues al citado Fulgencio, quien dejando la comida que en ese momento estaba consumiendo, cogió su guitarra y se dirigió a casa del enfermo, donde comenzó a tocar. Según los testigos, la música reconfortó de tal manera al moribundo Córdoba que empezó a moverse; se levantó sin dejar de moverse al ritmo de la música y se puso a bailar, sudando tanto que allí donde pisaba dejaba una huella mojada. Bailó durante aproximadamente dos horas y después cayó rendido; pero como quiera que seguía oyendo los sonidos, tras unos momentos se lanzó otra vez a danzar. De esta forma, descansando cada cierto tiempo, estuvo bailando y sudando durante 24 horas, tomando únicamente caldo y agua. Después sanó por completo. (Expediente de la tarántula, 1782-1787, fol. 1v - 18v).

Las declaraciones entreveradas de médicos, afectados, músicos y numerosos testigos, que manifestaron que los enfermos sanaron al son de la tarantela, fueron recolectadas en los ochenta y nueve folios timbrados que integran el Expediente de la tarántula. Sin embargo, el primer documento que apunta el vínculo entre la música y la tarántula es el *Sertum papale de venenis*, atribuido a Gaspari de Sarnana y escrito en 1362. Después, el médico Epifanio Ferninando, natural de Mesana, y el médico y naturalista Pietro Andrea Mattiolo, nacido en Siena en 1501 y fallecido por la peste en Trento en 1577, escribieron varias historias sobre el tarantismo. Mattiolo mencionó que los mordidos por la tarántula eran atormentados de varias maneras: mientras unos cantaban, varios reían, algunos lloraban y muchos voceaban o dormían; otros, por contra, padecían grandes vigilias, tenían vómitos, molestias, saltaban y sudaban, entretanto que, en las mismas circunstancias, los había que temblaban y sentían escalofríos o calor. Decía Mattiolo que algunos eran asaltados de espanto y de otras incomodidades, quedando semejantes a los frenéticos, borrachos y locos.

Según las descripciones clínicas de los siglos XVI a XVIII, como las recogidas en el Tratado del tarantismo ó enfermedad originada del veneno de la tarántula, según las observaciones que hizo en los Reales Hospitales del Cuartel General de San Roque don Manuel Irañeta y Jauregui, académico de número de la Real Academia Médica Matriense, los pacientes «tarantulados» presentaban lesión macular o papular en la piel, acompañada de dolor y, en ocasiones, de adormecimiento local. Tras los primeros síntomas aparecía un cuadro clínico grave caracterizado por frialdad en las extremidades; enrojecimiento facial; debilidad; dolor intenso; y contracturas generalizadas, asociadas a sudoración profusa con pulso débil y rápido e incluso, en ocasiones, alteraciones neurológicas como agitación, somnolencia, confusión y temblores continuos. El doctor Irañeta y Jauregui describió en 1785 el caso de Antonio Fornasal, sargento del Regimiento de Nápoles, de la siguiente forma:

> *Antonio Fornasal, sargento del Regimiento de Nápoles, de edad treinta á treinta y dos años, constitución elastico-vigorosa de sólidos, temperamento sanguineo-bilioso, hallándose en su Campamento sintió una picada muy dolorosa en la sien izquierda, entre cinco y seis de la mañana del diez y siete de Junio del año de mil setecientos ochenta y dos. A corto rato se estendió el dolor por espinazo, brazos y piernas, haciéndose mas intolerable ácia las últimas vertebras dorsales, y región epigrastica. Llegó al Hospital segundo á las ocho de la mañana, á cuya hora observé en la parte un entumecimiento leve, y poco perceptible, sin señal alguna de herida, el rostro teñido de un roxo obscuro, los ojos (y mas el izquierdo) con rubicundéz, cargados de humor pegajoso, y derramaban abundantes lágrimas; opresion, fatigas y congojas insufribles de pecho, con la respiración dificil y penosa; el pulso parvo, contraído, duro, desigual, intermitiente; dolor y ardor grande de cabeza; amagos continuos de vomito, con intensa frialdad de brazos, manos y piernas; con estupor y temblor continuo;*

sudor frió, glutinoso; intenso dolor de estomago, é hipocondrios con elevación ó meteorismo de vientre, y conatos á orinar ó deponer; suma inquietud é imposibilidad de mantenerse en una situación el mas corto rato; antes una violenta y continua agitación de todo el cuerpo, especialmente de piernas, de modo, que las varias posturas, contorsiones y movimientos, excitaban ideas de un afecto poco común. Se le hizo una sangría á la primera visita, que dio alguna libertad, aunque corta, á el pulso, y se repitieron hasta otras dos el mismo dia. Se le dispuso cocimiento de escordio, flores de sahuco, con vinagre destilado, y jarave de cortezas de zidra, fomentos emolientes al vientre, enemas emolientes, agua de pollo á pasto. Se advirtió menos dureza de pulso, y diminución no muy notable de simptomas. Se mezclaron por la tarde al cocimiento, en vez de vinagre, algunas gotas de alkali volátil á cada toma; y con estos medios comenzó á dilatarse, y manifestarse el pulso, aunque con dureza, á distribuirse el calor con sudor blando y vaporoso de todo el cuerpo, y remitirse los demás simptomas. El diez y ocho continuaba el sudor, perseveraban el dolor y ardor de cabeza, la celeridad y dureza de pulso, y fatiga ó pena de hipocondrios, aunque con remisión. Se le hicieron otras dos evacuaciones, siguió con el mismo cocimiento con vinagre (sin el aikali), y demás del método expuesto; se descubrió el sudor mas copioso, blando, y de noche molestaban ya poco los simptomas. El diez y nueve amaneció muy mejorado; pero con inapetencia; se purgó el veinte, y quedó del todo bueno.

Los síntomas descritos en la España del siglo XVIII corresponden con los del latrodectismo, cuadro clínico causado por la mordedura de las arañas del género *Lactrodectus*, conocidas como viudas negras. La especie *Latrodectus tredecimguttatus* está extendida por toda la cuenca mediterránea, y para los humanos el veneno que portan es mucho más nocivo y peligroso que el de las arañas lobo. El veneno de la *Latrodectus tredecimguttatus* contiene una alpha-latrotoxina específica que posee gran afinidad por receptores particulares de las células endocrinas y neuronales de los vertebrados. Una vez entra en el organismo, la toxina induce la creación de un canal iónico transmembrana que facilita el flujo de calcio extracelular hacia el interior de la neurona, provocando la liberación masiva de neutotransmisores por exocitosis, tanto a nivel de la unión neuromuscular como del sistema nervioso autónomo y del sistema nervioso central (SNC). Esta situación provoca calambres y contracturas musculares, taquicardia, disnea, variación de la tensión arterial, hiperhidrosis, rubefacción facial, cambios de temperatura, debilidad, somnolencia, temblores, ansiedad, agitación, palidez e, incluso, bajo nivel de consciencia. Por tanto, es muy probable que la infausta fama de la araña lobo *Lycosa tarentula* fuera tejida por la viuda negra *Latrodectus tredecimguttatus.*

La conexión entre los síntomas biológicos provocados por el latrodectismo y las narraciones relacionadas con el tarantismo es evidente, pero el veneno de la araña no puede explicar algunos comportamientos inverosímiles descritos en los «tarantulados». En el siglo XVIII el término tarantismo era aplicado a cualquier enfermedad que manifestaba movimientos ilógicos e histéricos, ya fueran saltos, convulsiones o bailes. En realidad, el tarantismo era una versión regional afincada en el sur de Europa de un fenómeno más extenso, que recorrió el continente desde la Edad Media y que recibió diversos nombres, como manía danzante, danza histérica, plaga del baile, coreomanía, el baile de San Juan o el baile de San Vito.

El neurólogo francés Jean Martin Charcot mantenía que la coreomanía era una manifestación epidémica de tipo histérico, favorecida por la superstición religiosa, y en la que la música y la danza desempeñaban un papel esencial. En 1568, el pintor flamenco Pieter Brueghel el Viejo realizó la obra titulada *La danza campesina,* en la que parece representar los eventos de coreomanía que ocurrían en algunos lugares de Europa, y que con probabilidad presenció. El primer episodio danzante del que existe constancia quedó recogido en el poema medieval *Manuel des Pechiez* (1260), que es atribuido a William de Waddington. El relato narra el incidente sucedido en la ciudad alemana de Kölbigk durante la Nochebuena de 1021, cuando doce jóvenes secuestraron a la hija del párroco y danzaron de forma obscena y en corro entorno a ella. Los secuestradores, maldecidos y castigados, perdieron el control de las extremidades y bailaron sin descanso sobre el atrio de la iglesia durante un año. En 1237 ocurrió otro brote en la ciudad alemana de Erfurt, protagonizado por decenas de niños afectados de coreomanía, que danzaron incansables veinticinco kilómetros hasta llegar a la ciudad de Arnstadt. La primera gran epidemia de coreomanía ocurrió en 1374 en la ciudad alemana de Aquisgrán. Miles de personas bailaron y danzaron en círculos, aparentemente de forma involuntaria, durante días o semanas hasta quedar exhaustos; derrumbados; lesionados por los movimientos extremos y continuos; o incluso muertos de agotamiento y fallos cardiacos.

La danza campesina, obra realizada en 1568 por el pintor holandés Pieter Brueghel el Viejo.

El nombre de baile de San Vito radica del gran brote sucedido en Estrasburgo en 1518. El episodio de danzamanía comenzó cuando una mujer empezó a bailar arrebatada por las calles, acción que mantuvo durante días, y a la que poco a poco fueron uniéndose más bailarines, hasta alcanzar, en pocas semanas, apariencia de hormiguero. Los afectados fueron trasladados a la capilla de San Vito, en la villa alsaciana de Zabern, y allí continuaron danzando hasta caer derrotados y ser curados por el mártir. San Vito fue uno de los santos más populares de la Edad Media, hecho atestiguado por la incorporación del canonizado en el reducido grupo de los Santos auxiliares, conjunto de catorce santos reputados por responder con eficacia a las invocaciones de los fieles. Las mañas de San Vito han sido conjuradas para paliar la epilepsia, el letargo, la corea o el baile de San Vito.

Según los apuntes de la época, el baile de San Vito aparecía en las personas de gran excitabilidad, y consistía en la presentación de contracciones musculares y movimientos arrítmicos con actos extemporáneos que incitaban a pensar que los músculos estaban locos. Los síntomas podían ser contraídos por imitación o por el efecto de un susto, una impresión terrorífica o un castigo desproporcionado, provocando histeria masiva que implicaba a gran número de personas alineadas con el mismo comportamiento inexplicable. El alquimista Paracelso diferenció varios patrones de danzamanías a los que denomino «choreas», distinguiendo tres tipos: la corea imaginativa, que surgía de la imaginación, como la Chorea Sancti Viti (baile de San Vito); la corea lasciva, derivada del deseo sexual, y asociada con el entusiasmo apasionado; y la corea naturalis, derivada de causas físicas o corporales. Los autores posteriores consideraron la coreomanía un trastorno psicógeno, que en el siglo XIX recibió el apelativo de histeria de masas. Es probable que la mayoría de los casos de coreomanía o baile de San Vito estuvieran afectados por la histeria colectiva, provocada por creencias religiosas contemporáneas. En la actualidad, suponemos que muchos de los casos que dieron lugar a los danzarines fenómenos celebrados a lo largo de la historia correspondían con el trastorno neurológico denominado corea de Sydenham.

Thomas Sydenham (1624-1689) fue un concienzudo médico británico interesado en las enfermedades epidémicas, que en 1686, en el capítulo XVI titulado «Sobre el baile de San Vito», de la obra *Schedula Monitoria de Novae Febris Ingressa*, proporcionó una precisa descripción clínica de el corea aguda, llamada corea menor, y que después cambió el nombre a corea de Sydenham. El epónimo alternativo para el corea de Sydenham es el baile de San Vito. El corea de Sydenham es un trastorno neurológico raro inflamatorio y degenerativo del sistema nervioso central, que provoca desplazamientos hipercinéticos, caracterizados por movimientos descoordinados rápidos y bruscos que afectan

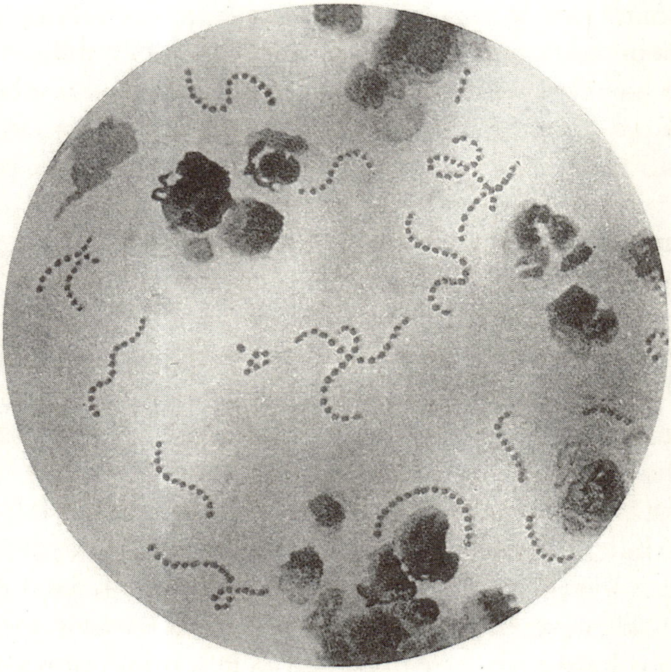

Imagen de la bacteria *Streptococcus pyogenes*, responsable de la enfermedad neurológica corea de Sydenham.

principalmente a la cara, las manos y los pies. Los síntomas neurológicos del corea de Sydenham también pueden incluir tics, torpeza, disartria, debilidad o inconstancia motora. Esta afección está asociada a una complicación neurológica de la fiebre reumática, que es una enfermedad inflamatoria autoinmune vinculada a la infección bacteriana temporal por estreptococos A beta-hemolíticos. Las manifestaciones de la fiebre reumática pueden incluir carditis, poliartritis migratoria, nódulos subcutáneos y eritema marginatum. La patogenia de la fiebre reumática aguda, la enfermedad cardíaca reumática, el corea de Sydenham y otras secuelas autoinmunes están relacionadas con los autoanticuerpos generados por el organismo, y que son característicos de las enfermedades autoinmunes, como resultado de las respuestas del sistema inmune de la persona afectada contra la infección por estreptococos del grupo A. En 1998, Susan Swedo definió la entidad PANDAS (acrónimo de trastornos neuropsiquiátricos autoinmunes pediátricos asociados a infección estreptocócica) en niños, que mostraban tic y trastornos obsesivo-compulsivos (TOC) después de padecer infección estreptocócica, incluso en ausencia de fiebre reumática. La alta prevalencia de trastornos emocionales y relacionados con el movimiento en familiares de primer grado de niños que padecen corea de Sydenham sugiere que, además de los desencadenantes ambientales y neuroquímicos, la predisposición genética es factor importante en el desarrollo de la enfermedad. Las manifestaciones clínicas del corea de Sydenham ocurren debido a cambios neuropatológicos e inflamación en los ganglios basales, la corteza cerebral y el cerebelo.

Por fortuna, la llegada de las terapias antibióticas ha permitido el tratamiento adecuado de las infecciones estreptocócicas paliando en cierto modo el desarrollo de casos de fiebre reumática y de corea de Sydenham, pero hasta la fecha, todavía no han podido evitar la palmaria frase materna que muchos hemos oído alguna vez: «estaros quietos que parece que tengáis el baile de San Vito».

📖 PARA LEER MÁS:

- Clausius, Katharina. (2013). Historical Mirroring, Mirroring History: An Aesthetics of Collaboration in *Pulcinella. The Journal of Musicology* 30: 215-251.
- Corral, Íñigo. (2016). Aspectos neurológicos en la historia del tarantismo en España. *Neurosciences and History* 4 (3): 99-108
- Cunningham, Madeleine. (2019). Molecular Mimicry, Autoimmunity, and Infection: The Cross-Reactive Antigens of Group A Streptococci and Their Sequelae. *Microbiology Spectrum* 7(4): 10.1128/microbiolspec.GPP3-0045-2018.
- Desta, Temesgen. (2020). Simultaneous Occurrence of Sydenham Chorea with Erythema Marginatum: A Case of Rheumatic Fever. *Pediatric Health, Medicine and Therapeutics* 11 55-58.
- Langenegger, Nicolas. (2019). Spider Venom: Components, Modes of Action, and Novel Strategies in Transcriptomic and Proteomic Analyses. *Toxins* 11: 611
- Muresu, Narcisa. (2020). Travel-Related Typhoid Fever: Narrative Review of the Scientific Literature. *International Journal of Environmental Research and Public Health* 17: 615
- Swedo, Susan. (1998). Pediatric autoimmune neuropsychiatric disorders associated with streptococcal infections: clinical description of the first 50 cases. *American Journal of Psychiatry* 155: 264-71.
- Vale, Thiago. (2015). Chorea: A Journey Through History. *Tremor and Other Hyperkinetic Movements* 5: tre-5-296.

Las caras de Bélmez

El tanatoturismo —o turismo oscuro— hace referencia a la acción deliberada de viajar a lugares relacionados con la muerte o con calamidades y situaciones macabras o desastrosas, que han perturbado a la conciencia pública. En la actualidad, algunos parajes atribulados y numerosos emplazamientos históricos, considerados de agüero podrido y de santiguamiento rápido y repetido, han sido lavados, tendidos, oreados y mercantilizados para el consumo turístico popular. Una vez decapados los malos augurios, barridos los recelos y empolvados los canguelos, los aciagos enclaves han sido conquistados por monumentos, museos, exposiciones, eventos, atracciones o *tours* específicos, cargaditos de seducidos turistas.

En ocasiones, el turismo oscuro recupera rincones silenciados y atormentados, lugares de sensibilidad patrimonial que fueron marcados por un selectivo movimiento político o ideológico. Uno de esos lugares es el memorial de la masacre de Nanjing, construido en 1985 en la esquina suroeste del centro de Nanjing, cercano al denominado pozo de los diez mil cadáveres, para conmemorar la matanza despiadada de 300.000 ciudadanos chinos, ejecutada por las tropas imperiales japonesas el 13 de diciembre de 1937. Otras veces, el tanatoturismo es alimentado por lugares que fueron martirizados por terribles enfermedades, y ejemplo de ello es Sorokdo, una pequeña isla de Corea del Sur. El territorio está ubicado a cinco minutos navales del puerto de Nokdong, en el sur del país. El ambiente es sosegado, y el paisaje frondoso está irrigado de construcciones coloniales de ladrillo rojo, que en el pasado tuvieron rango de instalaciones médicas, y que ahora han sido maquilladas y reconvertidas en museos.

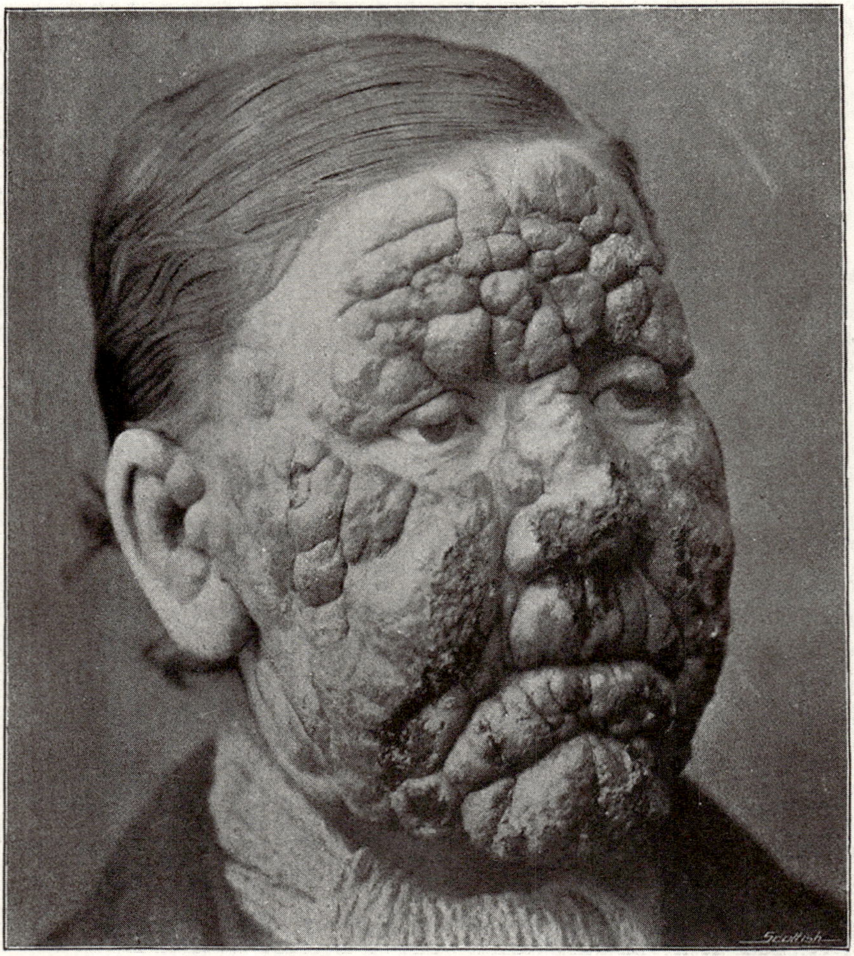

Paciente con lepra.

En 1916, Sorokdo fue elegida zona de cuarentena para los coreanos que padecían lepra. A medida que el número de edificios de signo sanitario aumentaban, todos los pacientes leprosos de la península fueron obligados a vivir recluidos en Sorokdo, incluidos los colonos japoneses, que tuvieron que acatar la ley de prevención de la lepra promulgada en 1907 por el Imperio de Japón. Hoy en día, nada más llegar a la antigua leprosería, los visitantes tropiezan con el caduco laboratorio médico de dos salas, construido en 1934 y equipado con gabinetes de madera; una losa pétrea para autopsias; fregaderos de cemento; y una mesa de operaciones algo astillada y pintada de color grisáceo, que era utilizada para realizar esterilizaciones y vasectomías. Diversos datos e informaciones históricas apuntan que este tipo de operaciones fueron empleadas tanto para castigar a los pacientes que no cooperaban como para limitar la población. De hecho, los leprosos japoneses que deseaban contraer matrimonio o convivir con alguna mujer debían acceder a ser esterilizados. La vida en Sorokdo era herrumbrosa.

La lepra, todavía conocida en algunos lugares como enfermedad de Hansen y denominada mal de San Lázaro en la Europa medieval, es una infección causada por las bacterias *Mycobacterium leprae* y *Mycobacterium lepramatosis.* Esta última descubierta en el año 2008. La infección afecta a la piel y a los nervios periféricos, pudiendo conducir a pronunciadas limitaciones funcionales. El mecanismo de transmisión exacto es desconocido, pero los datos apuntan a que es necesario estar en contacto durante tiempo prolongado con alguien que este infectado. En algunos casos, ha sido observada la transmisión desde armadillos, que actúan como reservorio de la bacteria. En España, la incidencia de la lepra en la segunda mitad del siglo XX estuvo estimada en 0,16 casos por 100.000 habitantes. En general, a nivel mundial, el número de casos de lepra ha disminuido en las últimas décadas debido en parte al desarrollo socioeconómico y al advenimiento de nuevas terapias. La lepra rara vez causa la muerte, no es demasiado contagiosa y puede tratarse con efectividad mediante terapia antibiótica, pero todavía está asociada a la

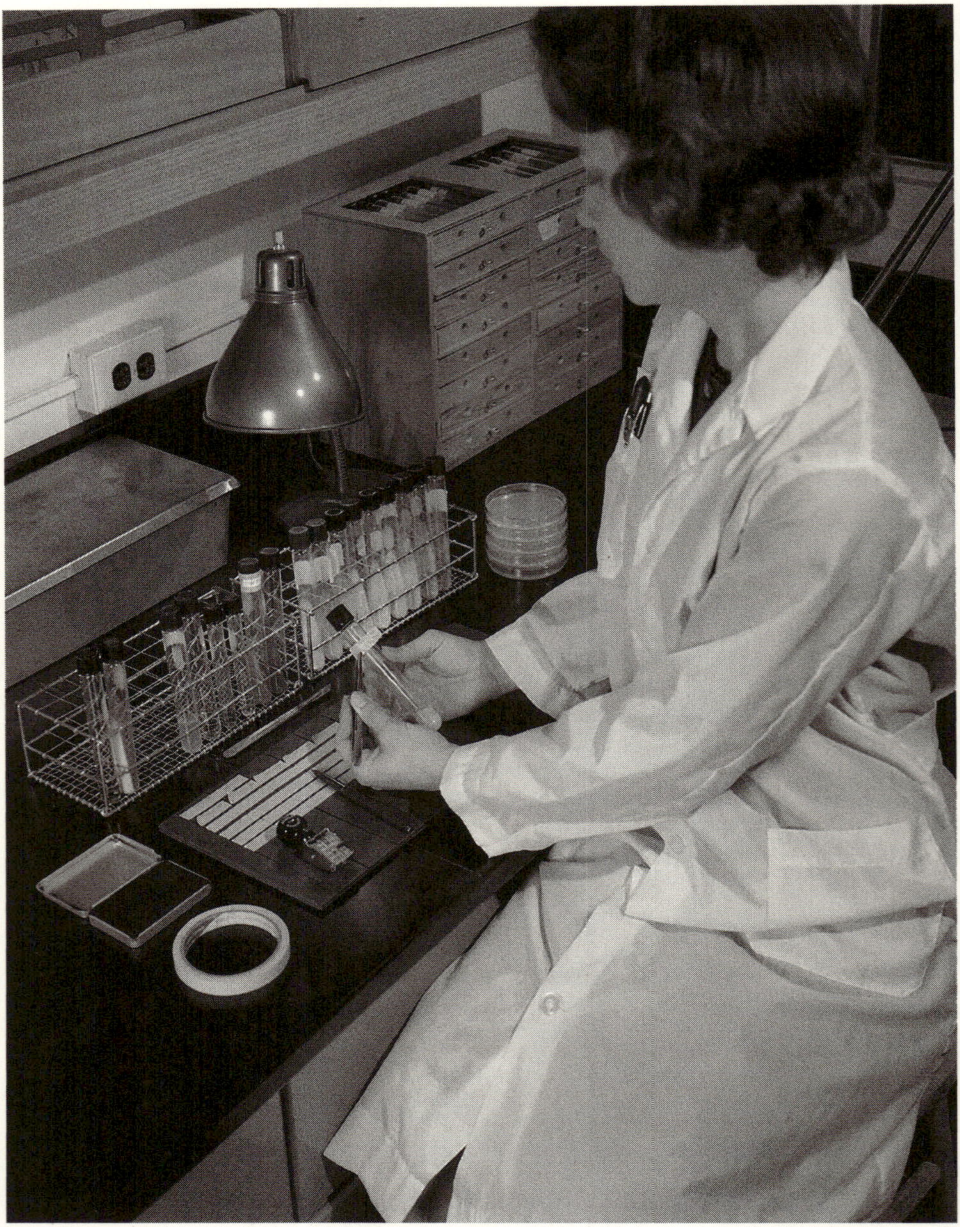

Fotografía de Charlotte Patton en 1963, mientras etiquetaba viales que contenían medio de crecimiento Lowenstein-Jensen, utilizado para cultivar *Mycobacterium leprae.* (Public Health Image Library, Centers for Disease Control and Prevention CDC).

estigmatización social que la caracterizó en el pasado. Antes de la llegada de los antibióticos y las sulfonamidas, no existían tratamientos eficaces, y los pacientes infectados solían sufrir desfiguraciones visibles y aparentes, acompañadas con frecuencia de discapacidad significativa, lo que ocasionaba temor y rechazo, estigmatizando a los enfermos que además sufrían el fuerte impacto psicológico.

La lepra puede ser clasificada en tres tipos en función de la respuesta celular y de los hallazgos en la evaluación clínica. En la denominada lepra tuberculoide aparecen pocas lesiones cutáneas, en forma de máculas hipoestéticas con hipopigmentación central y bordes netos sobreelevados. En la segunda categoría, llamada lepra lepromatosa, la neuropatía periférica es más grave y aparecen muchas áreas entumecidas e incluso algunas comprometidas, como los riñones, la nariz y los testículos. En el tercer tipo son identificadas características tanto de la lepra tuberculoide como de la lepra lepromatosa, y recibe el nombre de lepra limítrofe. La Organización Mundial de la Salud (OMS) ofrece de forma gratuita a los pacientes con lepra el régimen convencional farmacológico, que consiste en la toma durante doce meses de 600 mg de rifampicina y de 300 mg de clofazimina por vía oral una vez al mes, bajo supervisión médica, y de 100 mg de dapsona con 50 mg de clofazimina por vía oral una vez al día, sin supervisión. La ventaja que presenta la dapsona es que es relativamente económica y suele ser segura. Este compuesto es un derivado de la anilina, perteneciente al grupo de las sulfonas sintéticas, y fue sintetizada en 1908 por Emil Fromm y Jacob Wittmann en Friburgo (Alemania), pero su aplicación médica comenzó en 1937, cuando dos grupos en Inglaterra y Francia fueron los primeros en investigar el efecto de la dapsona como posible agente antimicrobiano. En noviembre de 1943, el doctor Guy Henry Faget, en compañía de otros colaboradores, publicó un revolucionario tratamiento contra la lepra basado en Promina (glucosulfona de sodio), que en el organismo es descompuesta en dapsona, y que se llevó a cabo con éxito en 137 pacientes del Leprosario Nacional de Carville, en Lousiana (EE.UU.).

La historia de la leprosería de Carville comenzó en 1894, cuando Lousiana estableció una casa de acogida para leprosos en la plantación azucarera abandonada conocida como Indian Camp. Los primeros pacientes estuvieron alojados en antiguas cabañas de esclavos.

En España también existieron leproserías. En el siglo XIX, la lepra alcanzó honor de preocupación preferente en la costa mediterránea española. Algunos sacerdotes llegados de Filipinas, tras la declaración de independencia de 1898, importaron la enfermedad y sumaron nuevos casos a los existentes en el país. En el invierno de 1901, el aumento gradual en el número de pacientes de la comarca valenciana indujo a dos filántropos de la zona de La Safor, el jesuita Carlos Ferris y el abogado Joaquín Ballester, a poner en marcha el proyecto de construcción de una leprosería que diese soporte sanitario y espiritual a los damnificados del territorio. Esta iniciativa condujo a la apertura de la colonia de leprosos de Fontilles en Vall de Laguar (Alicante, España) en 1909. El 17 de enero de 1909, los primeros ocho leprosos fueron alojados en el pabellón Virgen de los Desamparados, uno de los cuatro edificios de la colonia que habían sido construidos dos años antes. A lo largo del siglo XX, el sanatorio de Fontilles albergó de forma eventual o en algunos casos prolongada, hasta que la señora muerte concertó entrevista personal, a dos mil seiscientas veintiuna personas afectadas por la lepra, que fueron cuidadas y custodiadas por religiosas franciscanas y jesuitas, un pequeño equipo médico y docenas de voluntarios y trabajadores. En la actualidad, la Fundación Fontilles es el Centro Nacional de Referencia en Lepra, y gestiona el complejo sanatorio San Francisco de Borja, el lazareto con mayor tamaño de Europa, que sigue ubicado en el municipio alicantino de la Vall de Laguar, donde dispone del Hospital Ferris y del Centro Geriátrico Borja.

A poco más de 450 kilómetros de Vall de Laguar está ubicada la localidad jienense de Bélmez de la Moraleda, a decir verdad, municipio referente del turismo oscuro español. El 23 de agosto de 1971, María Gómez Cámara, vecina de Bélmez de la Moraleda, encontró unas extrañas manchas en el suelo de cemento de la cocina de su vivienda situada en el número 5 de la calle Real. Según la descubridora y otros asistentes al fenómeno, el manchurrón tenía cierto parecido con el patrón de la localidad, el Señor de la Vida, o incluso con la venerada imagen del Santo Rostro, guardada en la catedral de Jaén. Los propietarios intentaron eliminar el lamparón, pero la mancha era terca y volvió a aparecer, favoreciendo que los vecinos anunciaran que, visto lo visto, no podía ser otra cosa que la manifestación de Cristo. La señora alertó del incidente, y el suceso saltó a las páginas del periódico local de Jaén *El Ideal* bajo el titular «Un rostro que aparece y desaparece de un fogón». En ese momento comenzó el desarrollo de una dinámica turística vinculada a las máculas advenedizas del piso de la cocina de María Gómez. La coyuntura estuvo acompañada de nuevos intereses económicos, como negocios de fotografía y excursiones desde los pueblos vecinos, que al suceso le sentaban como un guante. La presencia circunstancial de Leo Casado y Martín Semprúm, reporteros del diario *Pueblo*, permitió el seguimiento de la noticia y dotar al acontecimiento de repercusión a nivel nacional. Así, la difusión del misterio cogió carrerilla el lunes 31 de enero de 1972, cuando el diario *Pueblo* lo ubicó en portada y Televisión Española, único canal televisivo de la época en España, emitió información al respecto. La noticia volaba de boca a oído con la rapidez y el desasosiego de un buscapiés. En poco tiempo aparecieron nuevas manchas con pretensiones faciales. En febrero de 1972, el diario *Ya* cifraba el número de visitantes en 10.000. Las pensiones locales no eran capaces de drenar la afluencia de público, y los novedosos términos de teleplastia, psicofonía o parapsicología buscaron acomodo en el vocablo de los lugareños. El fenómeno mediático floreció de repente y recibió el sobrenombre de «las caras de Bélmez». Las autoridades políticas y eclesiásticas intervinieron aduciendo que había sido generada alarma social, pero la magnitud popular del hecho no desapareció. Desde entonces, las caras de Bélmez han sido un potente foco de turismo oscuro. Hoy todo el contexto de Bélmez resulta un tanto anacrónico y mucha gente rechaza la interpretación paranormal, pero para otras personas, las caras siguen siendo un prodigio inexplicable. María Gómez falleció en el año 2004, pero los fervorosos creyentes del misterio han seguido acudiendo a la pequeña localidad, que ahora tiene un centro de interpretación de las caras, y en fechas señaladas, como la noche de Halloween o el Día de Todos los Santos, los alojamientos rurales del municipio suelen tener plena ocupación. Además, según las sobrinas de María Gómez, otras casas del municipio también exhiben las denominadas teleplastias. Las caras de Bélmez son poco robustas desde el punto de vista científico, y gran parte de las investigaciones apuntan a que han sido originadas por compuestos oxidantes como el nitrato de plata o por la acción agresora de compuestos químicos, que podrían ser algún tipo de ácido como el nítrico, el clorhídrico, el sulfúrico o incluso el acético (vinagre).

En realidad, las personas tendemos a ver caras en los objetos o en los patrones desorganizados no faciales, como pueden ser las islas de aceite que emergen del café tras zambullir una y otra vez, y siempre de cabeza, los esperados churros de los domingos. La percepción de caras es considerada uno de los estímulos biológicos visuales más significativos que encontramos en el contexto social. Es típico que las personas detectemos con facilidad caras en el medio ambiente, incluso en ausencia de rostros humanos. Es probable que en alguna ocasión haya percibido esta experiencia, es un fenómeno de percepción ilusoria que recibe el nombre de pareidolia. El término pareidolia se origina del griego «*para*» (παρά, al lado o más allá) y «*eidōlon*» (εἴδωλον, forma o imagen). La experiencia ocurre cuando percibimos significado en una fuente aleatoria y abstracta como resultado de la tendencia del sistema cerebral humano a extraer patrones conocidos. No solo vemos caras, es habitual que por ejemplo las nubes algodonosas y ondulantes adquieran formas de animales u objetos conocidos.

Estudios recientes han demostrado que la pareidolia facial no está restringida a la cognición humana y también es desarrollada por primates no humanos. Estos resultados sugieren la existencia de un sistema de detección facial compartido entre especies. De hecho, la propensión a la pareidolia parece ser tan antigua como la historia humana, e incluso la encontramos anclada en los ancestros que nos precedieron como especie. La prueba de ello parece estar en el guijarro de Makapansgat, un adoquín desgastado de jasperita pardo rojiza encontrado en 1925 en una cueva sudafricana del valle de Makapan, al norte de Mokopane. El pedrusco, hallado por el maestro de escuela Wilfred Eitzman, estaba asociado a los restos enterrados de un *Australopithecus africanus*, especie de australopiteco que vivió en Sudáfrica en el Plioceno Medio hasta el Pleistoceno Temprano, hace de 3,67 a 2 millones de años. La piedra no está manufacturada y los contornos naturales que presenta asemejan la representación burda de un rostro humano. La fuente original del

Antigua fotografía en la que muchas personas, por efecto de la pareidolia, aprecian el rostro de Jesucristo. En realidad, la supuesta cara de Cristo está formada por un bebé con sombrero sentado en el regazo de su padre.

canto está alejada muchos kilómetros de la tumba del australopiteco, por lo que fue depositado allí de forma consciente. Es imposible saber la interpretación que recibió la piedra en aquel momento, ni las capacidades perceptivas y cognitivas de aquellos homínidos, pero la aparente reubicación intencionada del guijarro plantea la teoría de que la piedra podría haber sido reconocida como una cara y tener algún significado para los australopitecos involucrados.

Varios estudios que han aplicado magnetoencefalografía (MEG), una técnica no invasiva que registra la actividad funcional cerebral, y resonancia magnética (RM), que permite crear imágenes detalladas del cerebro, han descubierto que la actividad del área fusiforme de las caras (FFA), localizada en la corteza cerebral temporal inferior (TI), es acti-

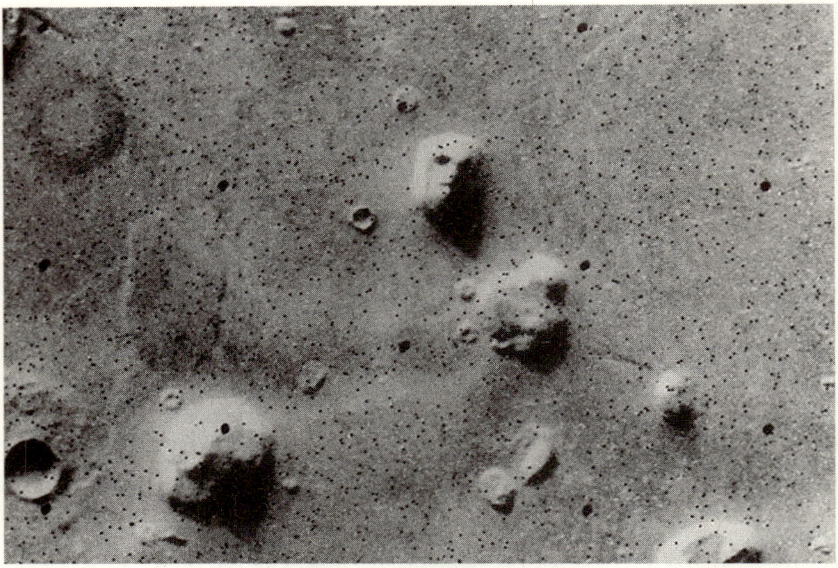

Famosa imagen de una pequeña zona de la región marciana de Cidonia, captada por la sonda espacial Viking I, que fue utilizada por la NASA para la exploración de Marte. La fotografía, tomada el 25 de julio de 1976, resultó muy llamativa porque numerosas personas apreciaron que una de las formaciones (en la parte superior) asemejaba un rostro humano, lanzando la presunción de que era obra de una civilización extraterrestre. La percepción de la denominada «cara en Marte» es efecto de la pareidolia.

vada y modulada por la percepción de una cara en eventos de pareidolia. La dificultad para distinguir los rostros recibe el nombre de prosopagnosia o ceguera facial, y suele estar relacionada con lesiones en el hemisferio cerebral derecho y, en particular, en el giro fusiforme situado en el lóbulo temporal. El término fue acuñado en 1947 por el neurólogo alemán Joachim Bodamer, después de advertir que varios soldados participantes en la Segunda Guerra Mundial, donde sufrieron heridas cerebrales, eran incapaces de reconocer los rostros de los miembros de su propia familia, pero que sí eran competentes para distinguir entre varios objetos cotidianos. Los pacientes que padecen la enfermedad perciben las caras difuminadas y sin rasgos distintivos, pero continúan detectando el sexo, la edad y la raza, y reconociendo las expresiones, distinguiendo por ejemplo entre alegría e ira.

En el año 2009, Maranhão-Filho y Vincent sugirieron que la pareidolia puede explicar ciertas visiones y apariciones religiosas, donde el perceptor está preparado para atisbar fenómenos insólitos y destacados desde un enfoque místico. Por tanto, la pareidolia es una interpretación incorrecta de la información sensorial verídica y puede ser inducida con estimulaciones visuales ambiguas en individuos predispuestos. En otoño de 1994, la estadounidense Diane Duyser reconoció la imagen de la Virgen María en el sándwich con queso que acababa de tostar, y guardó la supuesta reliquia durante diez años protegida en un laico recipiente de plástico. En noviembre de 2004, el casino virtual Goldenpalace adquirió la tostada mística subastada en eBay, previo pago de 28.000 dólares. Teniendo en cuenta los antecedentes, la próxima vez que doréis una rebanada de pan, antes de aplicar varios estratos de mermelada y mantequilla, procurad inspeccionar con persistencia la hogaza, no siendo que aparezca impresa la Virgen del Libro de Botticelli o incluso el Guernica de Picasso.

📖 PARA LEER MÁS:

- Anta-Felez, José Luis. (2018). Different faces of Belmez (Spain): social construct and territorial range of a tourist attraction. *Teoría y Praxis* 14 (24): 229-261.
- Choung, Eun-hye. (2020). Sorokdo as a combined dark tourism site of leprosy and colonized past. *Asia Pacific Journal of Tourism Research* 25 (8): 814-828.
- Corrow, Sherryse. (2016). Prosopagnosia: current perspectives. *Eye and Brain* 8: 165-175.
- Liu, Jiangang. (2014). Seeing Jesus in toast: Neural and behavioral correlates of fase pareidolia. *Cortex* 53: 60-77.
- Maranhão-Filho, Péricles. (2009). Neuropareidolia: Diagnostic clues apropos of visual illusions. *Arquivos de neuro-psiquiatria* 67 (4): 1117-1123.
- Suzuki, Yumi. (2017). Changes in pupil diameter are correlated with the occurrence of pareidolias in patients with dementia with Lewy bodies. *Neuroreport* 28 (4): 187-192.
- Wozel, Gottfried. (2014). Dapsone in dermatology and beyond. *Archives of Dermatological Research* 306: 103-124.

El kraken

El 9 de abril de 2016, el cazador de Objetos Volantes No Identificados (OVNI) Scott C. Waring compartió en la web UFO Sightings Daily el supuesto avistamiento de un plesiosaurio o algún otro tipo de bestia marina, que había localizado en las coordenadas 63 ° 2'56.73 «S 60 ° 57'32.38»W mediante Google Earth. Según Waring, el leviatán aparentaba gran tamaño porque provocaba perturbaciones masivas en el océano. Tras realizar burdos y rápidos cálculos aseguró que, desde la cabeza hasta el final del cuerpo, la abominación medía treinta metros y además parecía mostrar extensiones tentaculares que aumentaban la envergadura hasta los noventa metros. El 29 de abril de 2016 el canal de YouTube Wowforreeel, dedicado a promover teorías conspirativas y a alentar enigmas turbadores, publicó un vídeo que combinaba música sobrecogedora con clips de las fotografías oceánicas advertidas por Scott C. Waring. En el documento aparecía la anomalía visual citada por Waring. De inmediato muchos seguidores del canal relacionaron la singularidad con la presencia de un monstruo marino que podía ser el mítico kraken.

El mito del kraken nació del respeto y temor de los marineros, abocados a viajar por el mar grande y desconocido; peligroso y traicionero; inestable e insondable; y con capacidad suficiente para esconder en sus inconcebibles profundidades a hordas incontrolables de leviatanes al acecho. La leyenda, fortalecida con el tiempo por el encuentro inesperado y aberrante de navegantes y criaturas marinas descono-

CARTA MARINA ET DESCRIPTIO SEPTEMTRIONALIUM TERRARUM AC MIRABILIU
GRUTLADIE PARS
GRUTLANDIE PARS
ISLANDIA
MARE GLACIALE
PISTR SIVE PHISET
FARE
ZIPHIUS
TILE
ORCADES
NORVEGIA
NORMORIA
TILEMARCHIA
SOLOGIA
MARE DEUCALIDONICUM
SCOCIE PARS
OCEANUS BRITANICUS
ANGLIE PARS
MARE GERMANICUM
DANIA
HOLSATIA
FRISIA
SCALA MILLIARIUM
GRADUS LONGITUDIIS

Carta marina et descriptio septentrionalium terrarum. El mapa mide 1,70 metros de ancho por 1,25 metros de alto.

cidas, fue pronto incorporada a la mitología y el folclore nórdicos. Manuscritos del siglo XII redactados por el rey Sverre de Noruega manifiestan que el kraken era un monstruo de tamaño colosal, tan grande como una isla, y que merodeaba los mares noruegos. Para desgracia de marinos y aventureros, no era el único habitante espantoso e indeseable del piélago. En este sentido, el cartógrafo y eclesiástico sueco Olaus Magnus publicó en 1539 el maravilloso y espectacular mapa marino conocido como *Carta marina et descriptio septentrionalium terrarum*, en el que describía el tropel de monstruos marinos que eran capaces de hundir barcos y atormentar las aguas situadas entre Escandinavia e Islandia.

Las espeluznantes fábulas narradas por los marineros sobre la entidad aberrante que atacaba a las naves y despedazaba a las tripulaciones, con el tiempo ascendieron a la división de historias verídicas y fatales, por lo que la presencia recóndita y horripilante del kraken amedrentó a cualquiera que necesitara cruzar los dominios de la bestia. En el siglo XVIII, Eric Pontoppidan, obispo de Bergen y autor de la obra *La Historia Natural de Noruega*, publicada en 1752, argumentó que entre las muchas grandes cosas que aguardaban en el océano estaba el kraken, una criatura que era la mayor y más sorprendente de toda la creación animal. De hecho, las crónicas populares, alimentadas por viajantes ensoñadores, mantenían que cuando el ser monstruoso emergía a la superficie, mostraba forma poco definida que podía ocupar la extensión próxima a tres kilómetros. Sumada la longitud desmesurada del prodigio, a la espina dorsal jorobada que ostentaba, semejante a un pronunciado montículo, y a los tentáculos mucilaginosos que surgían del elemento y que flotaban mecidos por la corriente aparentando hilachas de inofensivas algas, los marineros tomaban la agreste estampa por isla segura y desembarcaban tranquilos. Una vez en tierra, los navegantes encendían hogueras para ahuyentar al frío y a la oscuridad, y para preparar la comida. Esto irritaba al kraken, que procedía a la inmersión para devorar con saña a los incautos. Por este motivo, Pontoppidan aseguraba que las islas misteriosas que aparecían y desaparecían en los mares del norte, emergiendo como cubos de hielo en un whisky escocés para al poco tiempo terminar fundidos con los destellos tostados del licor, no eran otra cosa que krakens. Incluso existía la creencia que el ámbar fósil encontrado en las playas del mar del Norte era excremento de kraken.

Es curioso que, en 1975, cuando Marvel sopesaba la desaparición de la famosa saga de mutantes x-Men, que por aquel entonces llevaba cinco años sin publicar historias nuevas, un relato sobre krakens e islas vino a ofrecer la última oportunidad a los superhéroes de la mano del guionista Len Wein y del dibujante Dave Cockrum, que pertrecharon una historieta fantástica. El volumen publicado con el título *Giant-Size 1* constituyó el resurgimiento de la franquicia mutante. La aventura supuso la renovación de las figuras del grupo y la presentación al público de personajes icónicos como Tormenta o Lobezno. Además, es destacable que en el nuevo

Portada del cómic *Giant-Size X-Men #1*, publicada en mayo de 1975 y dibujada por Gil Kane y Dave Cockrum.

equipo había presencia de miembros originarios de países con los que los Estados Unidos de América mantenía, por acontecimientos históricos duros y ásperos con ellos, relaciones tensas, como eran los casos de Alemania, representada por Rondador nocturno; la Unión Soviética, personificada en Coloso; y Japón, simbolizado por Fuego solar. Del mismo modo, también tuvieron cabida las minorías raciales de los Estados Unidos de América, como la etnia apache, que era encarnada por Ave de Trueno. En la historia desarrollada por Wein y Cockrum, el equipo novel de los x-Men rescató con éxito a los miembros originales fundadores del grupo de las garras de Krakoa, horripilante y monstruoso ser mutante del tamaño de una isla que consumía la energía vital de otros mutantes. El nombre, habilidades y apariencia de Krakoa parecen ser la emulsión entre la desaparecida isla volcánica de Krakatoa y el legendario kraken, que para algunos era confundido con una isla.

Representación del pez obispo, un tipo de monstruo marino descrito en el siglo XVI. La información recogida al respecto indica que el origen del supuesto monstruo pudo estar relacionado con la especie *Pteromylaeus bovinus*, conocida popularmente como manta tigre.

Independiente de los krakens, en los mapas han quedado registradas algunas islas que aparecen y desaparecen de los océanos dependiendo del periodo histórico al que pertenece la cartografía. Después de los primeros registros o teóricos avistamientos ha sido imposible demostrar la existencia de varias gotas de tierra desperdigadas en algunos mapas marinos, por lo que han recibido el nombre de islas fantasma. En general, muchas han surgido del posicionamiento erróneo de islas reales u otros accidentes geográficos. Por ejemplo, en diciembre de 1683, el corsario británico William Ambrose Cowle avistó una isla inexplorada y despoblada en el Atlántico Sur que llamó Pepys Island, en honor al secretario del Almirantazgo Samuel Pepys, pero que en realidad resultó parte del territorio británico de ultramar de las islas Malvinas. Otra de las más célebres islas fantasma es la isla Tabor o arrecife Tabor, como aparece en los mapas franceses. La existencia de la isla Tabor fue anunciada por Asaph P. Taber, capitán del ballenero María Teresa, en la localización 37 ° 00'S 151 ° 00'O. El 16 de noviembre de 1843 varios periódicos informaron del hallazgo. Sin embargo, la existencia real es dudosa porque varias búsquedas exhaustivas durante el siglo XX no consiguieron localizar ni isla ni arrecife. Aun así, durante el siglo XIX la isla de Tabor fue célebre y apareció en afamadas novelas como *En busca de los náufragos* y *La isla misteriosa* de Julio Verne. La revelación de la supuesta isla pilló a Verne deambulando por la adolescencia, y es posible que la noticia impactara con fuerza en la imaginación del escritor, porque también en la obra *Los hijos del Capitán Grant*, publicada primero por entregas en la revista *Le Magazin d'éducation et de récréation* y después íntegra en 1868 por el editor Pierre-Jules Hetzel, representó Tabor en la imaginaria «Isla Balker de los mares del sur, situada no lejos de la costa de Adelie».

Poco después de las enigmáticas imágenes publicadas por Scott C. Waring, el ecólogo de aguas profundas Andrew David Thaler, creador del Southern Fried Science, donde discute sobre exploración oceánica y ciencia marina, utilizó una carta náutica para demostrar que el supuesto kraken que emergía de las profundidades del océano Antártico era en realidad Sail Rock, la punta rocosa de treinta metros de altura, doce metros de ancho y veinte metros de largo en dirección suroeste-noreste, que es la cúspide sobresaliente de un edificio volcánico sumergido a 63 ° 2'56.73 «S 60 ° 57'32.38» W, justo al norte de la Antártida continental y al suroeste de la isla Decepción.

El primer avistamiento de isla Decepción ocurrió en enero de 1820, y fue realizado desde el bergantín Williams por dos cazadores de focas llamados William Smith y Edward Bransfield. La isla, ubicada en el estrecho antártico de Bransfield, tiene forma de herradura y está rociada de glaciares de hasta cien metros de espesor. El interés por el nuevo pedazo de roca flotante motivó que pocos meses después, el 15 de noviembre de 1820, el cazador de focas y explorador estadounidense Nathaniel Palmer desembarcara en la isla y, tras dos días de exploración exhaustiva, revelara que era un anillo pétreo alrededor de una caldera inundada. El 17 de noviembre, Palmer salió de la isla en el barco Hero buscando colonias de focas que había observado al sur. No encontró a los animales, pero a 63° sur, avistó tierras extensas que pertenecían a la desconocida área costera de la península antártica. En enero de 1821, Palmer coincidió con una expedición rusa que exploraba el área a bordo del Vostok. Tras el encuentro, Palmer regresó a Stonington, en Connecticut, para conseguir equipamiento dirigido a completar la nueva expedición, que puso en marcha con el objetivo de capturar focas. En julio de 1821, Palmer emprendió viaje, esta vez al mando de la balandra James Monroe. En noviembre llegó a isla Decepción, y allí unió fuerzas con el capitán británico George Powell, que también rastreaba a los preciados pinnípedos. Juntos, escudriñando posibles áreas de caza, descubrieron las islas Orcadas del Sur el 6 de diciembre de 1821. Además, Powell identificó parte de la península antártica y la denominó Tierra de Palmer.

En aquellos tiempos de expediciones árticas y antárticas, la leyenda del kraken fue difundida en el ámbito anglosajón por el poeta y dramaturgo británico Alfred Tennyson, que en 1830 publicó en inglés un pequeño volumen denominado *Poemas, principalmente líricos*. El librillo incluía el poema mitológico titulado «El Kraken». La composición, dedicada y referenciada a la criatura fantástica, es uno de los escritos de Tennyson que goza de mayor reconocimiento. Para la época, la redacción del poema era sobrecogedora e inquietante.

Bajo los truenos de la superficie,
en las honduras del mar abismal,
el Kraken duerme su antiguo, no invadido sueño sin sueños.
Pálidos reflejos se agitan alrededor de su oscura forma;
vastas esponjas de milenario crecimiento y altura
se inflan sobre él, y en lo profundo de la luz enfermiza,
pulpos innumerables y enormes baten
con brazos gigantescos
la verdosa inmovilidad,
desde secretas celdas y grutas maravillosas.
Yace ahí desde siglos, y yacerá,
cebándose dormido de inmensos gusanos marinos
hasta que el fuego del Juicio Final caliente el abismo.
Entonces, para ser visto una sola vez por hombres y por ángeles,
rugiendo surgirá y morirá en la superficie.

El soneto irregular de Tennyson inspiró al escritor estadounidense H. P. Lovecraft a crear en 1926 el relato corto titulado *La llamada de Cthulhu*. Lovecraft nació el 20 de agosto de 1890 en Providence (Rhode Island) y fue autor de numerosas novelas y de relatos de terror y de ciencia ficción. En abril de 1893, tras sufrir un episodio psicótico en un hotel de Chicago, el padre de Lovecraft fue internado durante cinco años en el Hospital Psiquiátrico Butler de Providence, donde murió en 1898. El certificado de defunción informó que la muerte fue causada por paresia general, que en aquel momento era sinónimo de una etapa avanzada de la sífilis y que hoy denominamos neurosífilis parenquimatosa. La neurosífilis parenquimatosa aparece entre quince y veinte años después de la infección inicial por la bacteria *Treponema pallidum*, y es provocada por la destrucción del parénquima corti-

El escritor estadounidense Howard Phillips
Lovecraft retratado en junio de 1934.

cal. El destrozo es ocasionado por la meningoencefalitis crónica que sufre la persona afectada. La enfermedad deteriora la conducta de manera progresiva y en ocasiones es confundida con trastornos mentales o con demencia. Es frecuente la aparición de inestabilidad emocional, delirios de grandeza, depresión, razonamiento deficiente, deterioro de la memoria, afasia, hemiparesia transitoria, convulsiones, alteraciones pupilares, dificultad para la concentración, hiperreflexia, cefaleas, insomnio, obnubilación e incluso que el paciente pueda presentar temblores en las manos, boca y lengua, que terminan alcanzando todo el cuerpo.

A lo largo de la vida, Lovecraft mantuvo una posición ignorante o evasiva sobre la enfermedad de su padre, quizás porque al ser una enfermedad de transmisión sexual implicaba posibles aventuras alejadas del entorno conyugal. Lo cierto es que la enfermedad y muerte paterna fue decisoria en la trayectoria del escritor, ya que después de la hospitalización del progenitor, Lovecraft residió en la casa familiar materna junto a la madre Sarah Susan, apodada con cariño Susie, a las tías maternas Lillian y Annie y a los abuelos Robie y Whipple, que en ausencia del padre quedó convertido casi desde el principio en la figura paterna. En más de una ocasión, Lovecraft aseguró que el abuelo Whipple era el centro de todo el universo. Whipple alentó al joven Lovecraft a apreciar la literatura clásica y la poesía inglesa mientras inventaba terroríficas historias extrañas y originales con las que entretenía al nieto. En 1896, la abuela Robie falleció y la casa quedó vestida de aflicción y penumbra, que eran exteriorizadas con los perpetuos uniformes brunos que portaban Susie, Lillian y Annie, y que aterrorizaban al pequeño Lovecraft. Consecuencia de ello, el niño comenzó a padecer pesadillas recurrentes protagonizadas por visiones apocalípticas y por una raza de seres abominables, que Lovecraft denominó «*night-gaunts*» («noches descarnadas»). Treinta años más tarde, los Nightgaunts aparecieron en la obra del escritor. Lovecraft presentó a los Nightgaunts como una raza ficticia de criaturas que tenían forma vagamente humana y que estaban pertrechadas de piel lisa y elástica; cola de púas largas; cuernos en la cabeza; patas prensiles; alas membranosas, que permitían el vuelo; y fisionomía delgada, negra y sin rostro. Los Nightgaunts comenzaron a aparecer en relatos fantásticos como *El ceremonial*, publicado en 1925, donde Lovecraft los describió como una muchedumbre de figuras encapuchadas que surgían en silencio de todas las puertas y a lo largo de toda la calle, formando, casi sin querer, una procesión monstruosa de seres enmascarados putrefactos que caminaban hasta más allá de las enseñas chirriantes; de los edificios de tejados inmemoriales; de los de techumbre de paja; y de las casas de ventanas adornadas con vidrieras de rombos, y que gracias a la flauta mágica que detentaban, eran capaces de invocar a seres alados aberrantes que no eran ni cuervos, ni topos, ni buharros, ni hormigas, ni vampiros, ni seres humanos en descomposición. Un año después, inspirado en el kraken de Tennyson, Lovecraft escribió *La llamada de Cthulhu*, protagonizada por una horrida entidad cósmica de contornos antropoides y con el rostro formado por una masa de tentáculos. Cthulhu reposa en la ficticia ciudad sumergida de R'lyeh, que Lovecraft situó relativamente cerca del punto Nemo o polo de inaccesibilidad del Pacífico, el lugar del océano más alejado de cualquier punto de tierra firme. Las coordenadas del punto Nemo son 48°52'6"S y 123°23'6"W, lo que supone que está ubicado a la distancia de 2.688 kilómetros de la tierra emergida más cercana. El nombre de punto Nemo homenajea al personaje creado por Julio Verne, que luchó contra un cefalópodo gigante cuando capitaneaba el Nautilus en la novela *Veinte mil leguas de viaje submarino.* En torno al Cthulhu, Lovecraft y otros autores desarrollaron varios relatos de terror, que constituyeron el ciclo literario conocido como Los Mitos de Cthulhu.

Sin embargo, desde finales del siglo XIX, la posibilidad de que existieran los fantásticos monstruos marinos era rebatida con firmeza. En el siglo XVIII, el científico y naturalista sueco Carl Linnaeus, padre de la taxonomía, incluyó al kraken en la primera edición de *Systema naturae.* En las ediciones posteriores, arrepentido por la ausencia de argumentos científicos que demostraran la existencia de la bestia, Linneo eliminó la referencia al monstruo. Sin embargo, a partir de ese momento, muchos naturalistas adoptaron la descripción de Linneo, y el kraken adquirió la forma moderna de cefalópodo. En este sentido, el naturalista inglés Henry Lee, director del acuario de Brighton, en Inglaterra, publicó en 1883 la obra *Sea Monsters Unmasked*, en la que relacionaba al kraken con alguna especie de calamar gigante. La relación de Lee estaba motivada porque en diciembre de 1853 un cefalópodo gigante fue encontrado varado en la playa de Raabjerg en Dinamarca. El animal fue cortado para cebo, y la única estructura recuperada fue el pico, que el zoólogo danés Japetus Steenstrup utilizó para describir la especie *Architeuthis monachus*, y que más tarde quedó reclasificada en *Architeuthis dux*, el calamar gigante del Atlántico.

En este punto, las historias del kraken permanecieron ligadas al ámbito científico, y los encuentros empezaron a ser habituales, siendo quizás el registro más famoso el del barco francés Alecton, que el 30 de noviembre de 1861 arponeó a un calamar gigante de unos 7,5 metros de longitud cerca de Tenerife, en las islas Canarias. La tripulación intentó arrastrar al animal a bordo, pero el cuerpo no aguantó y rompió logrando recuperar solo la parte superior del manto.

Los cefalópodos juegan un papel importante en los ecosistemas marinos polares. Han sido descritas sesenta y dos especies en el Ártico y cincuenta y cuatro especies en la Antártida. Las dos regiones polares comparten quince familias y trece géneros de cefalópodos, pero el calamar gigante *Architeuthis dux* es la única especie confirmada en el Ártico y en la Antártida. La especie *Architeuthis dux* es el segundo cefalópodo más grande del océano, pudiendo alcanzar dieciocho metros de longitud y 250 kilogramos de peso, solo superado por el calamar colosal (*Mesonychoteuthis hamiltoni*). Estos animales viven en un rango de profundidad de 300 a 1000 metros, donde el entorno visual es muy tenue y la principal fuente de luz es la bioluminiscencia emitida por diversos organismos, como varias especies de peces y otros cefalópodos. Algunos son espectaculares, entre los destacables está la especie *Watasenia scintillans*, conocida como calamar luciér-

Fotografía de un calamar gigante encontrado en Ranheim (Noruega) el 2 de octubre de 1954, que está siendo examinado por los profesores Erling Sivertsen y Svein Haftorn. El espécimen tenía una longitud total de 9,24 metros. (NTNU Museum of Natural History and Archeaology).

naga o calamar enope brillante. *Watasenia* produce luz con pequeños órganos, denominados fotóforos, que están repartidos por todo el cuerpo, y que originan una deslumbrante exhibición de fuegos artificiales marinos en la temporada de apareamiento. Cada primavera, los pescadores japoneses aprovechan el cortejo amoroso y el periodo de desove de los calamares luciérnagas en Toyama Bay, para arrastrar y recoger a los animales moribundos con redes, que por momentos parecen estar fabricadas con luz de neón azul. También el calamar Dana (*Taningia danae*) presenta fotóforos, aunque de mayor tamaño que los del calamar luciérnaga. El animal utiliza los fotóforos para cegar a las presas y, tal vez, para atraer compañeros. El calamar vampiro de aguas profundas (*Vampyroteuthis infernalis*) presenta órganos luminosos en las puntas de los brazos que utiliza para difuminar la silueta y enmascarar el cuerpo ante la presencia de posibles depredadores. La especie *Heteroteuthis dispar* es un pequeño y extraño calamar rabicorto que cuando está asustado expulsa por el sifón moco repleto de bacterias simbiontes bioluminiscentes, que producen una pantalla defensiva luminosa similar a una nube de tinta refulgente.

El ambiente apagado donde habita el *Architeuthis* ha provocado que los calamares gigantes desarrollen un sistema visual único que les permite encontrar presas, depredadores, compañeros y rivales. Algunos análisis han sugerido que diámetros grandes en la pupila y el ojo proporcionan a los calamares gigantes ventaja especial al detectar depredadores a gran distancia. El globo ocular del *Architeuthis dux* es gigantesco y puede alcanzar los treinta centímetros de diámetro, es decir, un tamaño bastante más grande que el de un balón de fútbol. El principal depredador del calamar gigante es el cachalote, con quien mantiene feroces batallas por la supervivencia. Los combates entre estos dos titanes son frecuentes, como lo demuestran las cicatrices que a menudo portan los cachalotes en la piel, y que son impresas por las ventosas de los calamares gigantes. Las ventosas del calamar tienen bordes armados con pequeños pero afilados dentículos quitinosos. En el año 2005, después de décadas y decenas de esfuerzos frustrados de muchos investigadores y zoólogos, los científicos japoneses Tsunemi Kubodera y Kyoichi Mori consiguieron un informe excepcional, apoyado en buen metraje de película, sin precedentes, en el que por primera vez aparecía el calamar gigante vivo en su hábitat natural, a 900 metros de profundidad de las islas Ogasawara, en el Pacífico Norte. Las imágenes demostraron que *Architeuthis* es un depredador activo y un nadador rápido y poderoso, que captura a las presas con sus tentáculos largos y fuertes.

Desde la antigüedad, los cefalópodos coloideos, como calamares, pulpos y sepias, han fascinado a los científicos y al público en general debido a que presentan notable capacidad de camuflaje y comportamiento complejo. Los calamares son capaces de modular y adaptar la apariencia con el doble propósito de disfrazarse y comunicarse, utilizando sofisticados sistemas nerviosos y una morfología jerárquica de piel adaptativa. En la mayoría de los calamares la piel está formada por capas transparentes que contienen células reflectantes, denominadas iridóforos, y células pigmentarias, llamadas cromatóforos, que están rodeadas por fibras musculares, y que permiten al calamar modular neuronalmente la coloración local y global del cuerpo. Esta característica posibilita al animal presentar habilidades de señalización y ocultamiento únicas en los seres vivos. Dado el sofisticado sistema nervioso de los cefalópodos, no sorprende que el estudio de estos animales haya contribuido al desarrollo de la neurociencia, proporcionando valor incalculable en el conocimiento de la señalización neural, la regeneración nerviosa, los sistemas sensoriales y el desarrollo cerebral. Además, los calamares, son fuente de valiosos biopolímeros como la eumelanina y la reflectina. En junio de 2020, un equipo de científicos de la Universidad de California publicó un trabajo en el que introdujeron el gen de la reflectina A1 (RfA1) en células de riñón humanas. La expresión de la proteína reflectina A1 permite a las hembras del calamar opalescente (*Doryteuthis opalescens*) cambiar el color de la línea vertical que recorre el manto de blanco a casi transparente, lo que optimiza el camuflaje del animal. La manipulación dirigida que realizaron los investigadores californianos no afectó a la supervivencia de las células humanas y facilitó la formación de agregados de la proteína RfA1 en el interior, permitiendo como resultado que las células exhibieran capacidades ajustables de cambio de transparencia y dispersión de luz.

Este hallazgo puede conducir al desarrollo de herramientas biofotónicas únicas para aplicaciones en ciencia de materiales y bioingeniería, y quizás a que el moderno mito del hombre invisible, creado por el escritor británico de ciencia-ficción H. G. Wells, pronto sea una inquietante realidad.

Retrato del escritor británico H. G. Wells en 1920. Wells estudió biología y mostró proximidad al contexto darwiniano.

📖 PARA LEER MÁS:

- Chatteerjee, Atrouli. (2020). Cephalopod-inspired optical engineering of human cells. *Nature Communications* 11: 2708.
- Fonseca, Rute da. (2020). A draft genome sequence of the elusive giant squid, *Architeuthis dux. GigaScience* 9: 1-12.
- Kubodera, Tsunemi. (2005). First-ever observations of a live giant squid in the wild. *Proceedings of The Royal Society* B 272: 2583-2586
- O´Brien, Caitlin. (2018). The Current State of Cephalopod Science and Perspectives on the Most Critical Challenges Ahead From Three Early-Career Researchers. *Frontiers in Physiology* 9:700.
- Parker, Katherine. (2018). Pepys Island as a Pacific stepping stone: the struggle to capture islands on early modern maps. *The British Journal for the History of Science* 51 (4): 659-677.
- Paxton, Charles. (2016). Unleashing the Kraken: on the maximum length in giant squid (*Architeuthis* sp.). *Journal of Zoology* 300: 82-88.

Fuegos fatuos

¿Qué es todo esto, Gollum? —dijo en un murmullo—. ¿Estas luces? Ahora nos rodean por todas partes. ¿Nos han atrapado? ¿Quiénes son? Gollum alzó la cabeza. Se encontraba delante del agua oscura y se arrastraba en el suelo, a derecha e izquierda, sin saber por donde ir. Sí, nos rodean por todas partes —murmuró—. Los fuegos fatuos. Los cirios de los cadáveres, sí, sí. ¡No les prestes atención! ¡No las mires! ¡No las sigas! ¿Dónde está el amo? Sam volvió la cabeza y advirtió que Frodo se había retrasado otra vez. No lo veía. Volvió sobre sus pasos en las tinieblas, sin atreverse a ir demasiado lejos, ni a llamar en voz más alta que un ronco murmullo. Súbitamente tropezó con Frodo, que inmóvil y absorto contemplaba las luces pálidas. Las manos rígidas le colgaban a los costados del cuerpo: goteaban agua y lodo. ¡Venga, señor Frodo! —dijo Sam—. ¡No las mire! Gollum dice que no hay que mirarlas. Tratemos de caminar junto con él y de salir de este sitio maldito lo más pronto posible... si es posible.

El escritor británico John Ronald Reuel Tolkien (J. R. R. Tolkien) introdujo los fuegos fatuos en el capítulo «A través de las ciénagas» del libro IV del volumen *Las dos torres*, segundo de la novela *El Señor de los Anillos*. Tolkien es considerado el padre, o al menos el tutor legal, del subgénero literario denominado alta fantasía. La vida y la trayectoria literaria del escritor estuvo marcada por los hobbits, los elfos y los orcos, pero también, de una u otra forma, por la microbiología. Durante su infancia, el 15 de febrero de 1896, transcurridas pocas semanas desde la celebración del cuarto cumpleaños de Ronald, Arthur Tolkien, padre del escritor, murió de fiebre reumática ocasionada por una infección bacteriana con *Streptococcus pyogenes*. La muerte, ávida y sorpresiva, dejó sin ingresos a la familia, así es que Ronald no tuvo más remedio que, escoltado por madre y hermano menor, acudir a la ciudad de Birmingham para vivir con la familia materna. A cinco kilómetros de Birmingham está situado el bosque de la turbera de Moseley, que Ronald pateó, escudriñó y visitó con ahínco, fantaseando entre el musgo y las ramas retorcidas. Años más tarde, el escritor utilizó el bosque de la turbera de Moseley como fuente de inspiración para crear el Bosque Viejo, nombre que recibió el bosque situado al este de la localización ficticia de La Comarca, lugar donde habitan los hobbits.

El escritor británico J. R. R. Tolkien fotografiado en 1916 con el uniforme de los Fusileros de Lancashire.

Tolkien combatió en la I Guerra Mundial como subteniente en los Fusileros de Lancashire, uno de los regimientos de la infantería británica. Durante once meses, Tolkien recibió rancho escurrido y entrenamiento opulento en Staffordshire. Las guerras, por muy pronto que acaben, siempre duran demasiado. El 5 de junio de 1916 partió en busca del infierno, apoyado en la nocturnidad y formando parte de las tropas británicas enviadas a las costas francesas de Calais. Dos días después, fue designado oficial del 11° Batallón de los Fusileros de Lancashire, encuadrado en la 74ª Brigada, 25ª División. A las pocas semanas, Tolkien llegó al frente del Somme. La batalla de Somme tuvo lugar a ambos lados de la parte alta del río Somme francés, entre el 1 de julio y el 18 de noviembre de 1916. Los ejércitos británico y francés intentaron romper las líneas alemanas que estaban establecidas a lo largo de un frente de cuarenta kilómetros. La contienda fue larga y sangrienta. El primer día de la batalla, los británicos sufrieron 57.740 bajas, muchas pertenecientes al undécimo batallón de los Fusileros de Lancashire. La vida de Tolkien era subastada cada jornada. Años más tarde, Tolkien reconoció que el personaje de Samsagaz *Sam* Gamyi, inseparable acompañante de Frodo Bolsón en la épica contienda de destruir el Anillo Único, es el reflejo maquillado de los rocosos asistentes y nobles soldados ingleses que conoció en la guerra, y que percibió siempre como superiores a él mismo. El polvo y la tierra seca de las trincheras en el verano fueron transformados en fango pesado con la venida de las lluvias otoñales. El ánimo de los soldados británicos estornudaba y tosía hasta quedar enlodado en el fondo de los fosos, mientras que las plagas de piojos unían fuerzas con la metralla enemiga para marcar a picotazos el cuerpo de los combatientes. El paisaje estaba pintado con la desolación, y los campos permanecían sembrados con una maraña de alambres de púas, interminables zanjas miserables y cientos de ametralladoras canallas. A finales de octubre de 1916, Tolkien contrajo la fiebre de las trincheras, enfermedad que es ocasionada por la bacteria *Bartonella quintana* y transmitida por el piojo corporal (*Pediculus humanus corporis*).

La bacteria infecta al ser humano cuando las heces de los piojos portadores son extendidas accidentalmente por la piel y entran en el organismo a través de erosiones, pequeñas heridas o de la conjuntiva. El período de incubación de la fiebre de las trincheras varía de catorce a treinta días, y la manifestación de la enfermedad aparece de manera brusca con fiebre, cefalea, mareos, debilidad, conjuntivas inyectadas de sangre y fuertes dolores de espalda, tibias y retroculares. El curso típico de la infección regala al paciente intervalos de fiebre alta persistente durante cinco o seis días, con probabilidad de episodios recurrentes. La enfermedad no suele ser mortal, aunque la endocarditis puede complicar algunos casos. En la actualidad, el tratamiento consiste en la administración de antibióticos como la doxiciclina, la ceftriaxona o algún macrólido. La recuperación suele ser completa en unos dos meses, pero en ocasiones la bacteriemia puede persistir, y es necesario aplicar un tratamiento prolongado en el que los pacientes reciben doxiciclina en dosis de 100 mg por vía oral, dos veces al día, durante cuatro a seis sema-

Trinchera alemana ocupada por soldados británicos
durante la batalla de Somme en julio de 1916.

nas, y si existe sospecha de endocarditis, también es administrada gentamicina durante las dos primeras semanas, con una dosis intravenosa de tres mg/kg/día. Por desgracia, en las fechas en las que ocurrió la Primera Guerra Mundial los antibióticos todavía no se habían descubierto, y la enfermedad afectó a más de un millón de personas vinculadas a la contienda, la mayoría soldados. Los médicos militares despacharon sin éxito gran variedad de tratamientos como el azul de metileno, el antimonio, la acriflavina, el salvarsán, el mercurio, el rojo tripán, la intramina, el galyl, el karsivan e incluso suero de pacientes convalecientes. Tan solo la quinina y la aspirina mostraron efectos sintomáticos positivos para reducir los episodios febriles y de dolor.

Europa se despedazada lentamente envuelta en gemidos y bajo el mortero lanzado desde uno y otro lado, cuando Tolkien sucumbió a la fiebre de las trincheras. Todo el mundo estaba alarmado o muerto, no había tercera opción. El 8 de noviembre de 1916 Tolkien volvió a Inglaterra empaquetado en el buque hospital HMHS Asturias. En esta ocasión, la historia de nuevo chocó con esas coincidencias que parecen hechas de atrezo dado que Clive Staples Lewis (C. S. Lewis), autor de *Las Crónicas de Narnia* y gran amigo de Tolkien, también combatió en la Primera Guerra Mundial y contrajo la fiebre de las trincheras. Mientras Tolkien convalecía en Gran Bretaña, el cuartel general de la compañía de su flamante batallón quedó arrasado por los proyectiles alemanes y los supervivientes, que eran más bien pocos, aniquilados por el inmediato bombardeo masivo. En verdad, contra toda apariencia, Tolkien sobrevivió por contraer la terrible enfermedad. El capítulo de la ciénaga de los muertos que Tolkien narra en *El Señor de los Anillos* es el sentido tributo del escritor a los compañeros soldados caídos en la batalla de Somme. Tengo la impresión de que, durante el periplo militar, Tolkien tuvo que atravesar, en no pocas ocasiones, ciénagas y pantanos, y que por ello estaba familiarizado con los fuegos fatuos, ya que este fenómeno es típico de los entornos con agua estancada. El 2 de septiembre de 1973, J. R. R. Tolkien murió de neumonía.

Cartel promocional de la película de animación *Brave*, de Disney-Pixar.

En el folclore popular gaélico y eslavo, los fuegos fatuos son espíritus malignos o malditos de personas muertas o de seres sobrenaturales que intentan confundir y despistar a los viajeros, desviándolos del recorrido previsto. En el largometraje *Brave*, película de animación ambientada en la Escocia medieval y producida por The Walt Disney Studios y Pixar Animation Studios (Pixar), la pelirroja protagonista Merida es desorientada y guiada en varias ocasiones por fuegos fatuos. William Shakespeare menciona el fuego fatuo en el Acto III de la obra *Henry IV, parte I* publicada en 1608, y el primer informe científico de la rareza, que condujo a intensos debates, apareció en un texto sobre óptica escrito por Isaac Newton, publicado en 1704 y que tenía por título «Óptica: o un tratado de las reflexiones, refracciones, inflexiones y colores de la luz». En enero de 1729, la revista científica *Philosophical Transactions of the Royal Society* publicó una compilación de catorce páginas con los comentarios realizados por el científico y reverendo británico William Derham sobre las observaciones detalladas que había realizado de los fuegos fatuos durante un período de cincuenta años. El análisis representa quizás el primer intento serio pero infructuoso de explicar el misterio desde un punto de vista científico. Derham rechazó la creencia de que insectos voladores bioluminiscentes como las luciérnagas estuvieran involucrados en la aparición de los fuegos fatuos, y apuntó la idea de la posible participación de emanaciones gaseosas auto inflamables.

Por otra parte, interesa saber, aunque solo sea para sorprender en el ascensor al vecino aprendiz de meteorólogo, que los fuegos fatuos han sido observados en entornos muy diferentes, pero todos ellos cargados de humedad y colmados de materia orgánica, como ocurre en los pantanos, las turberas, los páramos, los prados pantanosos, los terraplenes de ríos, los suelos recién fertilizados, las zanjas fangosas, los canales de alcantarillado, los cursos de agua y los cementerios. Con mayor frecuencia aparecen en las noches otoñales lluviosas o con el alba fresca, pero también con niebla densa o antes de una tormenta. La baja presión atmosférica parece favorecer la aparición del prodigio. La luz es visible

La imagen muestra el cuadro titulado *Retrato de Antoine Lavoisier y su esposa*, pintado por Jacques-Louis David en 1788.

desde unos pocos segundos a varios minutos, y las tonalidades, a veces pálidas y en ocasiones brillantes, varían de tonos amarillentos y rojizos a blanquecinos, verdosos, azulados e incluso violáceos. La forma usual es flamígera, pero en raras circunstancias puede variar a esferoidal o humanoide. Los fuegos fatuos son susceptibles al movimiento del aire, por ello cuando nos acercamos parecen escapar.

Varios autores proporcionan diferentes explicaciones al fenómeno, las que consiguen mayor grado de aceptación son los eventos de bioluminiscencia, quimioluminiscencia y principalmente autocombustión. Las hipótesis tienen distinto pelambre que le va bien. Algunos aducen que los fuegos fatuos son luces quimioluminiscentes originadas por procesos de oxidación química, al igual que ocurre con la luz azulada del luminol, compuesto utilizado en las investigaciones forenses y que ha sido popularizado por series televisivas como *C.S.I.: Las Vegas.* Sin embargo, dados los entornos en los que aparecen, la teoría más aceptada es que son provocados por gases inflamables. La lista de gases incluye al metano (CH_4); la mezcla de metano (2/3) con dióxido de carbono (1/3); fosfina (PH_3); la mezcla de fosfina y sulfuro de hidrógeno (SH_2), que cuando entra en combustión no emite humo ni aroma; difosfano (P_2H_4), con formación de pentaóxido de fósforo y agua; o la mezcla de fosfina, metano y sulfuro de hidrógeno.

La fosfina, el hidruro de fósforo más simple, es un gas incoloro, muy tóxico, que es inodoro en estado puro, pero que cuando se transforma en difosfano emana un olor desagradable que recuerda al pescado podrido. La primera persona en informar sobre la obtención de fosfina fue Philippe Gengembre, estudiante del gran Antoine Lavoisier, a finales del siglo XVIII. La fosfina es producida a nivel industrial a partir de fósforo blanco, por hidrólisis con un hidróxido de metal alcalino, pero en la naturaleza, la fosfina pura puede ser generada por fermentación anaerobia microbiana de la materia orgánica (restos de plantas, animales o cadáveres humanos), que contiene fósforo, como ocurre por ejemplo en pantanos y cementerios, y persistir en la atmósfera. El habitual color azulado de los fuegos fatuos puede ser atribuido a mezclas volátiles que contengan carbono como la metilfosfina (CH_3PH_2) que presenta inflamación espontánea.

La formación de fosfina en la naturaleza es todavía un misterio, pero algunos investigadores sugieren que existe un lento proceso de migración de la fosfina desde el suelo, donde permanece unida a la matriz de sedimentos acuáticos y lodos, a la atmósfera en forma de biogás, lo cual podría tener implicaciones importantes en el ciclo del fósforo de los suelos agrícolas y de los humedales. Algunos procesos bioquímicos, como la reducción bacteriana de fosfatos o de compuestos organofosforados naturales, apoyan la existencia del posible enlace gaseoso, en este caso la fosfina, con el ciclo del fósforo en el medio ambiente. Desde luego, la fosfina ha despertado la curiosidad del ámbito científico por la posible vinculación directa que presenta con la evolución temprana de la vida en ambientes anaerobios y porque podría ser un valioso marcador para revelar la existencia de vida microbiana en otros planetas, pero también por el más que presumible protagonismo en fenómenos extraños, como la combustión humana espontánea, la fosforescencia de tumbas o la presencia de los perseguidos fuegos fatuos.

PARA LEER MÁS:

- Amanzougaghene, Nadia. (2020). Where Are We With Human Lice? A Review of the Current State of Knowledge. *Frontiers in Cellular and Infection Microbiology* 9: 474.
- Anstead, Gregory. (2016). The centenary of the discovery of trench fever, an emerging infectious disease of World War 1. *The Lancet Infectious Disease* 16: e164-e172.
- Edwards, Howell. (2014). Will-o'-the-Wisp: an ancient mystery with extremophile origins? *Philosophical Transactions of The Royal Society* A 372: 20140206.
- Jenkins, Richard Owen. (2000). Phosphine generation by mixed- and monoseptic-cultures of anaerobic bacteria. *Science of the Total Environment* 250 (1-3): 73-81.
- Mills, Allan. (2000). Will-o'-the-wisp revisited. *Weather* 55: 239-241.
- Ruiz, Joaquim. (2018). *Bartonella quintana*, past, present, and future of the scourge of World War I. *Journal of Pathology, Microbiology and Immunology* 126: 831-837.
- Zychowski, Józef. (2014). Conditions favoring the occurrence of Ignis Fatuus phenomenon over a mass grave in Niepolomice (S Poland). *Procedia-Social and Behavioral Sciences* 120: 347-355.

Anuncio con los horarios invernales del Orient
Express para la temporada de 1888 y 1889.

El exorcismo de Roland Doe

Había muchos que, como el emperador Guillermo II, en la destemplada mañana del 10 de noviembre de 1918 intentaban huir de un imperio desvencijado. Algunas horas antes el káiser alemán había abdicado y la Primera Guerra Mundial agonizaba. La clandestina corte imperial, encabezada por Guillermo II, cruzó en tren la frontera hacia los Países Bajos. La locomotora prófuga tosía volutas de humo que parecían tener la obligación, nada fácil, de marcar el camino de vuelta a casa, pero el viento fresco debía de ser poco monárquico, porque deshilachaba, casi de inmediato, la humareda y las vanidades. Al día siguiente, el mariscal francés Ferdinand Jean Marie Foch firmó el Armisticio de Compiègne del 11 de noviembre de 1918, en un histórico vagón de ferrocarril de la Compagnie Internationale des Wagons-Lits (CIWL), la misma que inauguró el Orient Express, dando por concluida la lucha terrestre, marítima y aérea entre los Aliados y el Imperio Alemán. Guillermo II nunca regresó.

Durante el exilio, el emperador captó la atención de médicos y psiquiatras que publicaron artículos, panfletos, contribuciones, libros y reflexiones sobre los supuestos desvaríos mentales de Guillermo II y las implicaciones políticas que acarrearon. Los especialistas anunciaron varios análisis, poco fundamentados, en los que verbalizaron diagnósticos que viraban desde el trastorno bipolar hasta los que describían al Káiser como neurasténico. La neurastenia es un concepto en desuso que alude a una forma de neurosis caracterizada por síntomas psíquicos y físicos, mientras que

Guillermo II, káiser de Alemania y rey de Prusia, retratado en 1902.

el trastorno bipolar, junto con la esquizofrenia y otras afecciones psiquiátricas graves, ha sido confundido en repetidas ocasiones con casos de posesión demoníaca.

La gramática espesa la boca cuando citamos al demonio. Según los apuntes y los sermones de media Europa, uno de los eventos de posesión satánica más afamados de la historia del continente europeo ocurrió en la ciudad francesa de Loudun, a unos veinte km al oeste de Richelieu y a sesenta km al oeste de La Haye, lugar de nacimiento de René Descartes, inconmensurable físico, matemático y filósofo francés que en 1637 escribió la obra titulada *Discurso del método,* en la que apareció por primera vez la famosa locución latina «*Cogito ergo sum*» («Pienso, luego existo»). En teoría, Descartes murió de neumonía a la edad de cincuenta y tres años, pero en 2009 el académico alemán Theodor Ebert, de la Universidad de Erlangen-Núremberg, rechazó la hipótesis y conjeturó que el filósofo falleció envenenado con arsénico. Ebert apoyó la presunción en documentos escritos por el médico holandés Johan van Wullen, que trabajaba al servicio de la reina Cristina de Suecia, y atendió a Descartes los días previos al fenecimiento. Ebert cree que el capellán conservador François Viogué administró arsénico en una oblea de comunión que ofreció a Descartes. El filósofo había sido convocado en 1649 para ser el tutor de la reina Cristina de Suecia. Viogué recelaba de la instrucción porque creía incompatibles las reflexiones de Descartes con la creencia de la transubstanciación, y temía que las ideas teológicas radicales del filósofo descarrilaran la esperada conversión al catolicismo de la monarca Cristina, que por aquel entonces profesaba el protestantismo. En medio de la desconfianza y de la suposición, para el discernimiento agujereado de Viogué no quedó más remedio que emponzoñar a Descartes.

En todo caso, es interesante recordar los acontecimientos ocurridos antes de ese momento. En 1631, el cardenal Richelieu recibió permiso real para construir una coqueta ciudad, conservada todavía hoy día, que bautizó, faltaría más, con su nombre, como muestra alegórica del poder y de la ambición del prelado. En 1633, el exilio voluntario de

Descartes y las noticias sobre el juicio inquisitorio a Galileo retrasaron la publicación del libro *El Mundo,* también llamado *Tratado de la Luz* (*Le Monde / Traité du monde et de la lumière*), que apoyaba el modelo astronómico heliocéntrico. De 1632 a 1638, el municipio de Loudun protagonizó el epicentro de la crisis colectiva convertida en escenario de un inusual caso de posesión demoniaca que atrajo la atención de toda Europa. En un momento dado, por ubicación y cronología, los tres eventos tomados juntos definieron el marco intelectual que prefiguró la dirección en la cual marcharía la filosofía occidental y la ciencia de la mente. Antes de que sucedieran los acontecimientos de Loudun hubo varios precedentes en Francia. El primero ocurrido en 1566 cerca de Laon estuvo representado por Nicole Obry, una niña de dieciséis años que decía estar poseída por treinta demonios. Durante dos meses, Nicole fue exorcizada a diario, frente a asombradas multitudes, en escenarios públicos construidos en la catedral de Laon. La principal herramienta utilizada fue la Eucaristía. El segundo caso aconteció en 1598 e involucró a Marthe Brossier, una demoníaca de veintiséis años. El informe médico emitido por el doctor Michel Marescot, publicado por un comando real, argumentó que nada de lo realizado por Marthe Brossier era sobrenatural. El diagnóstico de Marescot fue «*Nihil a Spiritu, multa ficta, pauca a morbo*» («Nada espiritual, mucho simulado, un poco patológico»). Este legajo registró dos importantes reconocimientos oficiales, uno que señalaba el exorcismo como instrumento sustancial al servicio de la propaganda religiosa, y otro que subrayaba la disposición médica a identificar el fraude y la enfermedad natural como posibles causas del comportamiento demoníaco.

Los registros eclesiásticos, tan puntillosos cuando son tratados los quehaceres del maligno, asientan que los acontecimientos de Loudon comenzaron el 22 de septiembre de 1632. Aquel día, Jeanne des Anges, priora del convento de las Ursulinas; la hermana Colombiers, subpriora de la congregación; y la hermana Marthe de Saint-Monique recibieron la visita por separado y en la misma noche de una aparición que solicitaba ayuda. En la tarde del 24 de septiembre, en el refectorio, otro espectro con forma de esfera negra golpeó a la hermana Marthe y a la superiora Jeanne des Anges. Hasta entonces, a pesar de la sorpresa y la inquietud que habían causado aquellos acontecimientos singulares, cada una de las monjas había seguido desarrollando sus ocupaciones, fueran las que fueran. Lo que sucedió después, destartaló el guion encorsetado que regía el convento. Las extrañas perturbaciones continuaron. Las religiosas escucharon misteriosas voces que eran regurgitadas desde gargantas ausentes y experimentaron golpes físicos provenientes de pugilistas invisibles. Tan pronto surgían declamaciones huérfanas que ventilaban con brío los pasillos, como que las hermanas eran atrapadas por vorágines incontrolables de risa. Ni santiguarse diez veces seguidas surtía efecto. A primera vista, las medidas a base de oración y penitencia no prosperaron, y la perspectiva empeoró cuando la mayoría de las monjas sufrieron episodios de convulsiones indomables y comportamiento irracional. El 1 de octubre de 1632 tres monjas fueron declaradas poseídas. Los primeros exorcismos llegaron el 5 de octubre de 1632. En diciembre ya eran nueve las religiosas posesas y ocho más estaban clasificadas como malditas. El 18 de agosto de 1634, Urbain Grandier, párroco de Loudun, fue declarado culpable de los crímenes de brujería y de posesión de las ursulinas. Ciertas impresiones avalan que el sacerdote había adquirido, no se sabe bien el porqué, dos hábitos, uno para vestir y otro de visita continuada al convento de ursulinas. Grandier fue ejecutado en la hoguera, pero los exorcismos continuaron hasta 1638. Cien años después, el jurista François Gayot de Petaval manifestó en la obra *Histoire d'Urbain Grandier* (*Historia de Urbain Grandier*) la posibilidad médica o científica de un diagnóstico diferencial, sustituto de las posesiones demoníacas, y que estaba basado en la histeria o incluso en supuestas artimañas no aclaradas por parte de las monjas. En 1860, el científico y escritor francés Louis Figuier trató el tema en la obra *Histoire du Merveilleux dans les Temps Modernes*, y también declaró inclinación hacia un episodio de histeria convulsiva en la congregación.

El escritor y filósofo británico Aldous Huxley (1894-1963) fotografiado en 1947. En la imagen puede apreciarse el ojo derecho del escritor afectado de queratitis. La queratitis es una inflamación que afecta a la córnea y que puede estar ocasionada por múltiples causas, siendo las más frecuentes las infecciones bacterianas por *Staphylococcus aureus* y *Pseudomonas aeruginosa*; las víricas por herpes simple y herpes zóster; o las ameboides por *Acanthamoeba*.

El escritor y filósofo británico Aldous Huxley, autor de la famosa novela distópica *Un mundo feliz*, tuvo interés por temas espirituales como la parapsicología y el misticismo, y en 1952, tras visitar la villa de Loudun, publicó una narrativa histórica titulada *Los demonios de Loudun*. Al año siguiente, Huxley experimentó, bajo la supervisión del psiquiatra Humphry Osmond, con mescalina, la primera sustancia psicodélica natural aislada en forma pura. Aldous Huxley describió la alucinante experiencia en un breve ensayo titulado *Las puertas de la percepción*. *Los demonios de Loudun* de Huxley apareció durante las controvertidas investigaciones impulsadas por el senador Joseph Raymond McCarthy, que recibieron el nombre simbólico de «caza de brujas», y que pretendían descubrir personas sospechosas de ser agentes soviéticos o simpatizantes comunistas que estuvieran infiltradas en el gobierno de los Estados Unidos de América, la administración pública o el ejército. En *Los demonios de Loudun*, Huxley argumentó que la llegada del padre Jean-Joseph Surin, cuatro meses después de la ejecución de Grandier, atemperó los episodios de la priora Jeanne des Anges. Surin tenía treinta y cuatro años, y había adquirido reputación de hombre honesto, aunque crédulo, que sufría de melancolía. El joven sacerdote introdujo a Jeanne des Anges en las obras de Teresa de Ávila y en el léxico del misticismo, proponiendo que confiara más en la oración privada y en la penitencia. Este discurso permitió a Jeanne des Anges hablar un vocabulario erótico de «arrebatamiento» y «goce» dentro del contexto espiritual positivo. Al mismo tiempo, en el papel de exorcista, Surin adoptó la estrategia poco ortodoxa de rezar para que los demonios de Jeanne lo poseyeran a él y dejasen tranquila a la priora. Esta situación rememora a la recordada película de terror *El exorcista*, donde el inolvidable padre Karras reta al demonio a que le posea a él, en lugar de a la joven Regan MacNeil.

El largometraje está basado en la novela homónima publicada en 1971 y escrita por William Peter Blatty, quien también adaptó el guion de la película. Por ello, Blatty ganó el Globo de Oro y el premio Oscar del año 1974 al guion mejor adaptado. La novela de Blatty está inspirada en el exor-

Retrato del farmacólogo y químico alemán Arthur Heffter,
que aisló la mescalina del cactus peyote en 1897.

cismo de Roland Doe, un caso real que aconteció en 1949 en la localidad de Cottage City del estado estadounidense de Maryland. La víctima fue un niño anónimo de catorce años cuya identidad, en la documentación recabada del suceso, estuvo protegida con los seudónimos de Roland Doe o Robbie Mannheim. Sin embargo, algunos documentos originales nombran al supuesto niño poseído como Ronald E. Hunkeler. El 20 de agosto de 1949, *The Washington Post* publicó la historia, pero el fenómeno inicial comenzó en la casa familiar el 15 de enero. Según los testigos, aquel día el hogar no resultaba acogedor, ruidos extraños surgían de algunas habitaciones y del sótano, y un cuadro con la representación de Jesús empezó a vibrar sin aparente explicación. La familia comunicó los hechos al reverendo luterano Miles Schulze, que estuvo anclado en el escepticismo hasta que el 17 de febrero presenció incidentes inverosímiles y empezó a creer que Roland era el foco de una actividad «*poltergeist*». Los presuntos eventos paranormales narrados por los testigos incluían lanzamiento de objetos, vuelos gráciles de enseres, tembleques del mobiliario, marcas en el cuerpo de Roland, que solían ir acompañadas de dolor físico y conversaciones con supuestos espíritus. Apabullados por el desconcierto, los protagonistas consultaron al padre William S. Bowdern, que solicitó permiso al arzobispo Joseph E. Ritter para practicar un exorcismo. Bowdern estuvo asistido por el padre Raymond J. Bishop y el padre Walter H. Halloran. Los exorcismos tuvieron lugar entre el 16 de marzo y el 18 de abril de 1949 en tres localizaciones de Saint Louis: la casa de Leonard Hunkeler, que era tío de Roland; el hospital católico Alexian Brothers; y el rectorado del St. Francis Xavier College Church. Durante los exorcismos Roland escupió, orinó, habló latín, cantó de manera frenética, emitió sonidos guturales, exhibió flatulencias tremebundas, realizó acciones sexuales implícitas y agredió a los asistentes. El exorcismo final cambió el paso y fue en apariencia exitoso. El proceso terminó el 19 de abril con Ronald asistiendo a misa y recibiendo la Sagrada Comunión. En 1993, el historiador estadounidense Thomas Benton Allen publicó el libro titulado *Possessed*, en el que, apoyado en entrevistas personales de los supervivientes y en opiniones de expertos actuales, relató la historia vinculada al exorcismo de Roland Doe. Allen enunció que no existieron sucesos paranormales y que Roland sufría una profunda perturbación psíquica. En el año 2006, Mark Opsasnick publicó *The real story behind the exorcist*, y en el libro también son cuestionadas las afirmaciones sobrenaturales asociadas a la historia de Roland Doe. Opsasnick menciona que el padre Halloran, presente en la secuencia de exorcismos, nunca escuchó que el niño cambiara la voz y tampoco pudo verificar que las marcas corporales del pequeño no las hiciera el propio Roland con sus uñas. Para los psiquiatras Roland Doe padecía una enfermedad mental.

Las manifestaciones clínicas del caso Roland Doe incluyeron episodios explosivos de rabia, auto y heteroagresividad extrema, discurso deteriorado, gritos repentinos en lengua desconocida y posturas retorcidas con formas en apariencia imposibles, que propagaban vibraciones que podían incluso producir movimientos en los muebles circundantes. Cuarenta y tres años después, un artículo científico informó del anómalo caso ocurrido en una serie de seis niños y que recibió el nombre de «síndrome reconocible de coma asociado con estallidos intensos de movimientos anormales y alteraciones cognitivas y conductuales duraderas». Los niños sufrían episodios de agitación extrema, comportamiento agresivo y anormal, deterioro de conciencia, movimientos con distonía y discinesia orofacial sujetos a paroxismos espectaculares, pérdida del lenguaje, disfunciones autonómicas y convulsiones ocasionales. La fase de recuperación fue prolongada durante meses, y los síntomas recordaban a los mostrados por Roland Doe. Los seis niños tuvieron encefalopatía aguda que siguió un curso bifásico. La mayoría de los pacientes, bajo tratamiento antiepiléptico, a veces administrando medicamentos neurolépticos y con cuidados de apoyo, pero sin practicar exorcismos, pudieron recuperarse por completo. Desde 1993, muchos neurólogos han informado de pacientes que presentan un patrón similar, fácilmente reconocible, donde aparece una encefalopatía catastrófica inesperada que es seguida de un relativo resultado favorable ocurrido de forma natural.

En la actualidad, en la comunidad médica existe el creciente consenso de que muchos relatos antiguos de posesiones demoníacas o cercanos en el tiempo como el de Roland Doe pueden haber representado descripciones originales de lo que ahora conocemos como encefalitis autoinmune. Este término es un tanto ambiguo y unifica gran cantidad de enfermedades autoinmunes, que procuran inflamación cerebral sintomática severa debido a un ataque mediado por anticuerpos a los tejidos del sistema nervioso central. De los diferentes tipos de encefalitis autoinmune, el que puede ser percibido como una explicación científica inmediata para los supuestos casos de posesiones demoníacas es un diagnóstico caracterizado recientemente, que recibe el nombre de encefalitis por anticuerpos contra el receptor N-metil-D-aspartato (receptor NMDA). Los receptores de NMDA son proteínas que participan en el control de los impulsos eléctricos en el sistema nervioso central, por lo que su función es crucial para multitud de cometidos, como percibir la realidad, interactuar, desarrollar el juicio, formar y recuperar la memoria o en el control de las funciones autónomas entre otros. El ataque a los receptores NMDA origina la pérdida de sus competencias y provoca el caos absoluto. La encefalitis por anticuerpos contra el receptor N-metil-D-aspartato es una enfermedad brutal para el paciente y para su entorno. Los síntomas son feroces, aparecen muy rápido, con frecuencia en personas jóvenes, y abarcan multitud de incidencias, por lo que a menudo los enfermos son descritos como si estuvieran poseídos. Los movimientos anormales atribuidos a la encefalitis por anticuerpos contra el receptor NMDA pueden estar ligados sin duda a los enjaretados a las supuestas posesiones demoniacas. La enfermedad suele comenzar de manera inocua con síntomas similares a la gripe, como fiebre, náuseas y dolor de cabeza, que pueden servir para aumentar la permeabilidad de la barrera hematoencefálica, permitiendo que los anticuerpos de la sangre preparen el escenario para el evento

San Francisco de Borja y el moribundo impenitente. Óleo sobre lienzo pintado por Francisco de Goya en 1788, que muestra a San Francisco de Borja en el lecho de muerte de un impenitente. La pintura podría ser interpretada como una incitación a las supersticiones demoníacas, que fueron atribuidas a la epilepsia durante esos tiempos. Sin embargo, Goya era sarcástico y mordaz, y el cuadro fue pintado el mismo año en que don Felipe, hijo mayor de Carlos III, fue apartado de la sucesión al trono en favor de su hermano Carlos. Felipe sufría ataques epilépticos y mostraba discapacidad intelectual, por lo que quizás Goya concedió un doble significado a la pintura. Felipe Antonio de Borbón, infante de España y duque de Calabria, murió de viruela en 1777 a la edad de treinta años.

principal, que no es otro que el ataque al sistema nervioso central. En los días o incluso semanas siguientes, la transformación es inconfundible. Predominan los síntomas psiquiátricos, caracterizados por los delirios, las alucinaciones, la agitación extrema, el pensamiento confuso y los comportamientos desinhibidos como la hipersexualidad o la hiperreligiosidad. Durante esta fase de la enfermedad, la mayoría de los pacientes requieren ingreso al hospital e implementación de restricciones químicas o físicas. La aparición de signos neurológicos anuncia nuevas disminuciones identificadas como convulsiones; pérdida de memoria; pérdida del habla coherente; pérdida de movilidad; desviaciones oculares; catatonia; ausencia de sueño durante días, semanas o incluso meses y movimientos involuntarios. La estrategia terapéutica habitual propuesta incluye el uso de dos líneas. La primera está constituida por esteroides, inmunoglobulinas humanas intravenosas y recambio plasmático, y la segunda consiste en la administración de Rituximab (Rituxin ®) y Ciclofosfamida (Cytoxin ®). Por fortuna, entre el 70-80 % de los pacientes con encefalitis asociadas a anticuerpos contra antígenos de superficie neuronal responden con éxito al tratamiento.

Susannah Cahalan, periodista del *New York Post*, padeció y superó la encefalitis por anticuerpos contra el receptor NMDA. El 4 de octubre de 2009 publicó un galardonado y estremecedor artículo titulado *My Mysterious lost month of Madness*, en el que explicaba cómo despertó en un hospital sin recordar nada de lo sucedido en los meses anteriores. En base a este artículo, en el año 2012 Susannah Cahalan publicó el libro superventas autobiográfico *Brain on Fire: My Month of Madness*, en el que narra como la enfermedad autoinmune es capaz de incendiar nuestra mente y nuestro cuerpo de manera más eficaz a como lo haría cualquier taimado demonio.

📖 PARA LEER MÁS:

- Freis, David. (2018). Diagnosing the Kaiser: Psychiatry, Wilhelm II and the Question of German War Guilt The William Bynum Prize Essay 2016. *Medical History* 62 (3): 273-294.
- Granata, Tiziana. (2014). From demonic possession to anti-NMDAR encephalitis: That is from the exorcist to the immunomodulatory therapy. *Medico e Bambino* 33 (10): 637-641.
- Neerukonda, Namita. (2020). Olanzapine and Lorazepam Used in the Symptomatic Management of Excited Catatonia Secondary to Anti-N-Methyl-DAspartate Receptor Encephalitis. *Cureus* 12(6): e8689.
- Nizan, Aaron. (2020). Anti-NMDA receptor encephalitis with neurologic sequelae refractory to conservative therapy with complete response to adjuvant therapy. *Gynecologic Oncology Reports* 33: 100597
- Sébire, Guillaume. (1992). Coma associated with intense bursts of abnormal movements and long-lasting cognitive disturbances: An acute encephalopathy of obscure origin. *The Journal of Pediatrics* 121 (6): 845-851.
- Singer, Joel. (2020). Understanding the tests that we order: screening for anti-NMDA receptor encephalitis in first episode psychosis. Australasian Psychiatry 28 (2): 199-201.
- Stephenson, Craig. (2017). The possessions at Loudun: tracking the discourse of dissociation. *Journal of Analytical Psychology* 62 (4): 544-566.
- Wang, Wei. (2020). Psychiatric Symptoms of Patients With Anti-NMDA Receptor Encephalitis. *Frontiers in neurology* 10: 1330.

Licántropos

Cae la noche y amanece en París, en el día en que todo ocurrió. Como un sueño de loco sin fin, la fortuna se ha reído de ti… ja, ja, sorprendido espiando el lobo escapa aullando, y es mordido por el mago del Siam… La luna llena sobre París ha transformado en hombre a Dennis. Rueda por los bares del bulevar. Se ha alojado en un sucio hostal… ja, ja, mientras está cenando junto a él se ha sentado una joven con la que irá a contemplar la luna llena sobre París. Algunos francos cobra Dennis. Auh, lobo hombre en París. Auh, su nombre es Dennis.

Lobo-hombre en París es una canción de estilo *new wave* escrita, interpretada y grabada en 1984 por la banda madrileña La Unión. La composición es considerada el mayor éxito internacional del grupo musical y consiguió dentellear, con incursiones furtivas de radiocasete, la adolescencia ochentera de millones de españoles y latinoamericanos. La canción cuenta la historia de un romance, y según los músicos creadores, es una interpretación inspirada en la obra *El Lobo-Hombre,* del escritor francés Boris Vian.

En realidad, Vian era polímata y ejerció de novelista, trompetista de jazz, cantante, ingeniero, letrista, poeta, guionista, dramaturgo, periodista, traductor, crítico musical, director artístico, pintor, profesor e, incluso, según algunos malévolos coetáneos, de escritor frívolo. A la edad de doce años, consecuencia de una infección de anginas aguda, Boris desarrolló fiebre reumática. Esta afección puede aparecer después de padecer faringitis estreptocócica ocasionada por la bacteria *Streptococcus pyogenes.* Al poco de la fiebre reumá-

El escritor francés Boris Vian en 1948.

tica, Boris contrajo fiebre tifoidea. Ambas dolencias mermaron la salud del chiquillo, provocando insuficiencia aórtica. Desde ese momento, la crianza del mozalbete estuvo forrada de algodón, muy al estilo de la biografía sobreprotegida de Wolf (Lobo), el niño melancólico que protagoniza el cuento *L'Herbe rouge* de Boris Vian. La primera novela de Vian fue *Escupiré sobre vuestra tumba,* publicada en 1946 bajo el seudónimo de Vernon Sullivan. El nombre de Boris Vian constaba como el del traductor de la obra. La novela es transgresora y mezcla trama detectivesca, crudeza, sexualidad, violencia y denuncia racista para moldear una narración meritoria y de calidad, que en 1947 alcanzó estatus de *best-seller* en Francia. Sin embargo, en 1949, el libro, calificado de pornográfico e inmoral, fue prohibido, y el autor condenado por desprecio a la moral. Años después, Vian vendió los derechos de la novela para la adaptación cinematográfica. La apuesta fue catastrófica, con peleas constantes entre la productora, el director, el guionista y el autor, hasta que Boris fue expulsado del proyecto. El producto final, dirigido por el realizador Michel Gast resultó mediocre e insustancial. A hurtadillas, en 1959, Boris Vian se coló en el cine Le Petit Marbeuf de París para visualizar de incógnito el preestreno de la película. La emoción y los tormentos de Vian resultaron excesivos para el corazón lisiado que latía debilitado desde la adolescencia. Durante la proyección, el drama saltó de la pantalla a las butacas, y con poco más de treinta nueve años gastados, Boris Vian sufrió un infarto que colocó de inmediato el punto y final en la vida del escritor.

En el cuento *El Lobo-Hombre,* de Boris Vian, el personaje de Denis es un agraciado lobo adulto civilizado que exhibe pelaje negro, enormes ojos rojos y frugal dieta vegetariana, sustentada en hierba y jacintos azules que el cánido refuerza en otoño con champiñones escogidos y en invierno con botellas de leche birladas al gran camión amarillo de la Central. El lobo, discreto a miradas inoportunas, mora en una lobera retirada y confortable, adornada con recambios de automóvil que habían sido acechados y abatidos por el mismo Denis en la carretera cercana, donde los accidentes eran tan frecuentes como los amaneceres. Con fatalidad, cierta velada nocturna y apacible de agosto, en la que Denis digería los manjares vegetales que había consumido paseando bajo la cobertura de la luna llena, topó en el camino con el Mago del Siam y la diminuta camarera Lisette Cachou, que estrenaba corsé Obsesión último modelo de aspecto maltrecho, tras el despiece al que el mago lo había sometido durante seis horas. La demora en el destrozo del ceñidor originó el encuentro imprevisto y no deseado con Denis a la medianoche. Por desgracia, la situación era desfavorable para el lobo, pues el Mago del Siam manifestaba los nervios y los vicios de punta, y estaba enfurecido por la aparición de Denis, que intentaba un alejamiento rápido y discreto. No fue posible, y los fenómenos inevitables que acompañan a la licantropía pidieron a gritos la descarga, de una u otra manera, de la energía que bullía en las vergüenzas del Mago del Siam, por lo que el sátiro cargó sobre la inocua bestia mordiendo con crueldad el codillo del animal. Denis aulló y huyó angustiado al galope, pudiendo rivalizar en ese momento con los purasangres de Ascot. Por suerte, alcanzó la guarida protectora y claudicó al lecho confortable que amasó ansioso, pero no hubo reposo aquel día, solo desasosiego y turbulentas pesadillas. Poco después, en la agonía entreverada de delirios y sueños putrefactos de la siguiente noche de luna llena, Denis despertó tiritando, sobrecogido de frío, desprovisto de pelaje y perlado de fiebre. A tientas conectó un faro y asió un retrovisor que había robado a un Mercedes moribundo. Con la imagen malformada en el estrecho espejo, comprendió la causa del castañeteo de dientes y la sensación de desazón. Denis ya no era lobo sino un hombre blando y desnudo. Sin duda, el Mago del Siam debía de ser hombre-lobo y Denis al ser mordido por la alimaña, por reciprocidad, acabó por convertirse en un lobo-hombre. El cuento de Boris Vian utiliza el zoomorfismo para identificar al lobo con la racionalidad, y presentar al ser humano como un ente incapaz de controlar los instintos de ira, lascivia y deseo de venganza.

El zoomorfismo es la creencia en la capacidad de metamorfosis humana para cambiar a otra forma animal. El animal en cuestión suele ser común, temido o con relevancia simbólica y religiosa. En este sentido, la idea de la transformación en lobo está arraigada a lo largo de la historia de Europa, siendo frecuente en motivos literarios o como creencia real en el hombre lobo, y prevaleciendo en los mitos, las leyendas, los miedos compartidos, las experiencias inexplicables o las creencias sobrenaturales de diversas culturas. Ningún otro animal ha rivalizado con la supremacía del lobo en términos de transformación animal. Esta particularidad puede ser debida al hecho de que durante miles de años, el lobo constituyó el depredador terrestre más peligroso e impopular de Europa, hasta que fue erradicado del entorno humano por la persecución y la caza intensa.

La historia más famosa en la antigüedad grecorromana relativa a la transformación en lobo fue la recogida por el poeta Ovidio en su obra *Metamorfosis*. En el siglo XIII, Tomás de Aquino declaró que los ángeles buenos y malos tenían la capacidad de cambiar la forma del cuerpo de los hombres. Al final de la Edad Media y principio del Renacimiento, los teólogos creían que la alteración mental o física de la metamorfosis era el resultado de un pacto satánico, y esta convicción fue adoptada con diferentes grados de credulidad por magistrados y procuradores que participaron en numerosos juicios contra supuestos hombres-lobo. Así, el magistrado francés Nicolas Rémy informó de varios casos de licantropía en la obra *Daemonolatreiae libri tres*, publicada en 1595 y considerada, junto al *Malleus maleficarum*, uno de los primeros trabajos importantes sobre demonios y brujas. El libro recoge los juicios capitales de unas 900 personas juzgadas y ejecutadas, en un periodo de quince años, por crímenes de brujería en el Ducado de Lorena, al noreste de Francia. No obstante, la conjetura demonológica de la licantropía no siempre fue aceptada, y en algunos casos el acusado era sometido a un curso de rigurosos tratamientos sanadores que incluían sangrías, baños calientes, sedación con opio y purgas con coloquíntida, aloe, ajenjo y vinagre.

Algunos autores apuntan que la apariencia insólita y el comportamiento anormal que muestran las personas que sufren porfiria severa pudo inducir y sugestionar a las comunidades medievales, para acusar a estos pacientes de ser hombres-lobo. Los afectados de porfiria severa pudieron haber despertado sospechas de los crédulos y temerosos habitantes del medievo, debido a que presentaban la piel pigmentada, ulcerada y peluda, y solían evitar la luz por la sensibilidad al sol que les causaba dolor con ardor. Además, la porfiria aguda ocasiona cambios mentales como ansiedad, confusión, alucinaciones, desorientación o paranoia, por lo que las secuelas neurológicas o psiquiátricas conducen a comportamientos extraños. La relación entre la licantropía y las enfermedades psiquiátricas data de tiempo pretérito, y ya fue registrada en el Libro de Daniel del Antiguo Testamento, donde es mencionado que el rey Nabucodonosor entró en estado licántropo después de un episodio depresivo. Del mismo modo, en el siglo XVII, el escritor inglés Robert Burton, en

Nabucodonosor II, por William Blake.

el extraordinario ensayo médico filosófico *Anatomía de la melancolía,* estableció distinciones entre los diferentes tipos de locura, y entre ellas incluyó a la licantropía que Avicena denominó Cucubuth y que otros autores designaban como *lupinam insanian* o locura lobuna. Según Burton, la afección era manifiesta en hombres que corrían aullando entre las tumbas y los campos durante la noche, persuadidos de que eran lobos o algún otro tipo de fiera semejante. En el siglo XVIII, la creencia delirante en la metamorfosis animal fue denominada *insania zooanthropica,* y el diagnóstico de licantropía referido a la alucinación de transformación en un animal semejante al lobo.

En 1988, Paul Keck publicó un artículo que recogía una de las mayores colecciones de casos de licantropía de la época moderna. El trabajo estuvo basado en la revisión de pacientes ingresados desde 1974 en el McLean Hospital. Keck y sus colegas identificaron doce casos de licantropía con una duración que variaba de un día a trece años. El síndrome en general estuvo asociado con psicosis grave de los manifestantes, ya que seis pacientes eran maníacos, dos tenían esquizofrenia, dos estaban deprimidos, uno tenía trastorno límite de personalidad y uno fue diagnosticado con psicosis atípica.

Sin embargo, la incidencia máxima de la licantropía ocurrió en Europa durante los siglos XV y XVI. Los territorios con mayor número de casos fueron Letonia, Estonia y Francia, donde los juicios a hombres-lobo comenzaron en 1521 con penas de muerte por herejía pronunciadas por los tribunales de la Inquisición, y terminaron en 1663 con absoluciones ante los tribunales seculares. En concreto, en el área montañosa del Jura, en la antigua región del Franco Condado francés, la licantropía representó un fenómeno excepcional y acogió varios supuestos sucesos lobunos. Uno de ellos, sobrevenido a finales del verano de 1573, estuvo motivado por un gran número de desapariciones informadas en el parlamento provincial del Franco Condado en Dole, y vinculadas a un hombre lobo que fue visto atrapando niños. La caza se inició con el beneplácito de las autoridades que instaron al pueblo a tomar bastones, alabardas y arcabuces para perseguir al hombre lobo, asediarlo, atraparlo y acabar con él sin incurrir por ello en ningún tipo de delito. Los excesos y crímenes arbitrarios crecieron al unísono que las goteras morales, y los lugareños, pica en mano, difamaban y asesinaban con alevosía a vecinos difíciles de masticar para ya de paso afanar las tierras del prójimo. La monstruosa fiera permaneció oculta hasta que alguien confesó que en una choza situada en mitad del bosque, cerca de Armanges, vivía la mujer llamada Appoline, junto a un fugitivo vendedor de carbón de leña llamado Gilles Garnier y conocido como el ermitaño de Saint Bonnot. Por su trabajo, Gilles exhibía piel de hollín que confería al desgraciado estampa demoniaca. Los prejuicios fueron suficientes para trincar al carbonero y a la señora, y poco después obtener confesión mediante tortura, porque según las palabras ensangrentadas de Gilles, en las noches de luna llena sufría transformación en hombre lobo, y en una ocasión había raptado a una muchacha de doce años para despedazarla con los dientes, y devorar la carne cruda de la zagala. Gilles, acorde a la confesión, fue declarado culpable de licantropía y brujería, siendo condenado el 18 de enero de 1574 al cadalso, donde el maestro ejecutor debía atar al confeso a un poste y quemarlo vivo, sin merecer la gracia de ser estrangulado antes.

Varios años más tarde, otro licántropo apareció en las montañas del Jura. Henri Bouget, gran magistrado del tribunal de Saint Claude de Dole, en el Franco Condado, en la descomunal obra *Discours des sorciers* (*Discurso sobre los brujos*), describió con minuciosidad los acontecimientos que condenaron a la familia Gandillon. Todo comenzó cuando Benoit Bidel, joven de dieciséis años que recogía fruta junto a su hermana pequeña, fue atacado por un lobo sin cola que surgió de la arboleda cercana. Benoit protegió a la hermana del animal luchando contra él con un pequeño cuchillo, pero la bestia, que en lugar de patas tenía manos, también estaba armada y acuchilló el cuello del muchacho. Los gritos alertaron a varios lugareños, que acudieron en auxilio, pero por entonces Benoit ya languidecía. Antes de morir, el muchacho informó que la extremidad homicida que había deshilachado su gaznate era femenina. Prestos, los aldeanos escudriñaron el entorno en busca de una mujer lobo, y en una huerta cercana encontraron a Perrenette Gandillon, solterona de mente destartalada que vivía en la aldea de Naizan, compartiendo cabaña con la hermana y el hermano, llamados Antoinette y Pierre, y con el hijo de este, que respondía al nombre de Georges. La vecindad al incidente y las pocas luces de Perrenette fueron excusas suficientes para dictaminar sentencia instantánea y matarla allí mismo. Después, buscaron al resto de la manada, pero los Gandillon que estaban faltos de mente, pero tenían oído fino y andaban sobrados de piernas, olisqueando la coyuntura, escaparon al interior del bosque. Una semana tardaron en apresarlos, y tan solo un puñado de minutos añadidos fueron necesarios para comenzar con la tortura, y obligar a los santos inocentes a que aullaran todo aquello que los magistrados deseaban. Antoinette Gandillon admitió actos de bestialismo con machos cabríos, mastines y lobos. No había cabida para la indecisión, si no eran licántropos cuanto menos eran herejes. El juez Henri Bouget visitó a los descerebrados en la mazmorra y observó que andaban a cuatro patas y que estaban magullados, pero que no eran capaces de consumar la transformación en lobos, quizás por no tener a mano el ungüento mágico que obraba el prodigio. Aun así, en otoño de 1598, Antoinette, Pierre y Georges fueron sentenciados a morir en la hoguera.

Sin duda, las afecciones mentales han estado vinculadas a los históricos y recientes sucesos de licantropía, pero resulta fascinante atisbar cómo otras diversas dolencias y padecimientos humanos y animales han podido contribuir a originar el mito del hombre lobo. Uno de ellos ha sido la hipertricosis, que denota el crecimiento excesivo de pelo en cualquier parte del cuerpo, y que puede estar asociada a síndromes, anomalías congénitas, enfermedades sistémicas, antecedentes familiares e ingesta de medicamentos. En septiembre de 2019, la Agencia Española de Medicamentos y Productos Sanitarios identificó tres lotes de fórmulas magistrales con omeprazol, elaborados por la compañía Farma-

Química Sur S.L., que estaban destinados a uso pediátrico y que contenían minoxidil. El minoxidil es un fármaco vasodilatador antihipertensivo utilizado en pacientes hipertensivos graves y empleado como tratamiento de la alopecia androgénica moderada. Los lotes afectados fueron distribuidos y dispensados a setenta y un pacientes pediátricos de tres comunidades autónomas: Andalucía, Cantabria y Comunidad Valenciana. A raíz de la administración, el Sistema Español de Farmacovigilancia de Medicamentos de Uso Humano (SEFVH) recibió veintitrés notificaciones de reacciones adversas relacionadas con la administración de estas fórmulas magistrales. Los niños afectados, tras la administración del preparado aderezado con crecepelo, desarrollaron hipertricosis. Por fortuna, la mayoría recuperó el aspecto normal con rapidez.

En realidad, las formas congénitas de hipertricosis severa son raras y desde la Edad Media tan solo han sido registradas unas cuantas decenas de casos. Entre 1598 y 1600, el artista italiano Agostino Carracci, impulsor del clasicismo boloñés, pintó un óleo sobre panel de madera, encargado por el cardenal Odoardo Farnese de Ferrara y expuesto en el Museo Nacional de Capodimonte en Nápoles, que tituló *Triple retrato del peludo Arrigo, Pietro el loco y el pequeño Amon.* La obra representa tres figuras humanas acompañadas de dos perros, dos monos y un loro. A la izquierda del grupo aparece Amon, hombre afectado de enanismo, y en el centro es retratado Arrigo, un joven que sufre de hipertricosis universal. Arrigo pertenecía a la población de guanches, los habitantes aborígenes de las islas Canarias, a menudo víctimas de redadas organizadas por piratas franceses, que los secuestraban y obligaban a servir en Europa. En la familia de Arrigo, varios miembros fueron afectados por la hipertricosis y estuvieron comprometidos como sirvientes para familias nobles europeas.

Además, algunos enfermos de hipertricosis han ejemplificado la perversión y crudeza humana, siendo exhibidos y explotados como monstruos de feria y rarezas de la naturaleza, y recibiendo a diario carretillas llenas de exabruptos, exclamaciones e interrogaciones. Para muchos eran algo así como semihumanos convertidos en medio perros, lobos, osos o monos. Entre los peludos, había hombres y mujeres, y varios alcanzaron fama y reconocimiento trabajando en circos y funciones de variedades. Algunos como Fedor Adrianovich Jeftichew sobresalieron. Fedor fue un artista ruso conocido como «Jo-Jo, el niño con cara de perro», que desde 1884 actuó en el espectáculo del empresario circense P. T. Barnum, quien también contrató a Annie Jones Elliot, la mujer barbuda. Durante años, varias de las atracciones de variedades estadounidenses y británicas mantuvieron en cartel a supuestos hombres lobo, hombres león, niños monos o mujeres lanudas, que inquietaban y sorprendían a los asis-

Cartel de finales del siglo XIX publicitando a la artista Annie Jones. En 1902, Annie murió de tuberculosis en Brooklyn.

tentes. En realidad, los vellosos actores protagonistas sufrían algún grado de hipertricosis. Estos fueron los casos de Alice Elizabeth Doherty, la única persona conocida nacida en los Estados Unidos de América que ha padecido hipertricosis lanuginosa, o el de Krao Farini, una niña con hipertricosis nacida en Laos, y que era exhibida en Europa como ejemplo del eslabón perdido entre simios y humanos. Krao fue adoptada por el promotor William Leonard Hunt, funambulista apodado el Gran Farini, que alcanzó prestigio por ser el primer hombre blanco en atravesar a pie el desierto del Kalahari y sobrevivir al lance.

Fotografía de Alice Elizabeth Doherty cuando era adolescente. A la edad de veintiocho años, Alice renunció al negocio del entretenimiento.

Sin embargo, el arraigo que tuvo la leyenda del hombre lobo en numerosos países europeos, como Lituania, Letonia, Hungría, Rumanía, Alemania, Holanda o Francia en época medieval y renacentista, sugiere la posibilidad de que el mito estuviera relacionado con incidencias o posibles brotes de alguna enfermedad infecciosa. Naturalmente, la rabia es candidata. La afección es antigua y están conservados gran número de documentos vetustos que mencionan la enfermedad o síntomas enfermizos que corresponden a la rabia tal y como la conocemos hoy. La infección por el virus de la rabia recuerda al proceso de transformación en licántropo que sufren los incautos cuando son mordidos por un hombre lobo u otra bestia maldita de condiciones similares.

Ilustraciones del siglo XVII que relacionan la figura humana con la del lobo, y que fueron publicados en el *Tratado de Fisonomía* de Charles Le Brun y Louis Morel d'Arleux.

La rabia es una zoonosis letal causada por el virus de la rabia (RABV). El virus pertenece al género *Lyssavirus* de la familia *Rhabdoviridae*, posee ARN monocatenario negativo, forma de bala y tiene características neutrópicas, lo que implica que infecta el sistema nervioso evitando que funcione de forma correcta. El virus de la rabia no causa lesiones visibles en el cerebro, pero altera las neuronas, en especial las que regulan las funciones autónomas, como la frecuencia cardíaca y la respiración. El virus es transmitido a los humanos por la saliva de animales infectados a través de mordeduras, rasguños y lametones de heridas o mucosas. La transmisión interhumana también es posible, y puede ocurrir por trasplante de órganos o tejidos infectados, e incluso por el ataque de una persona contagiada. El período de incubación de la enfermedad en humanos suele variar de veinte a sesenta días, pero en ocasiones raras acaece en pocas jornadas o en varios años. Sin tratamiento, la enfermedad encamina inexorable hacia la encefalitis, y una vez que aparecen los síntomas, la rabia conduce al coma que precede a la muerte del individuo. Por fortuna, la profilaxis adecuada suministrada con urgencia después de la exposición y aplicada antes del inicio de los síntomas clínicos previene la llegada de Caronte.

Por desgracia, el acceso a profilaxis apropiada, vacunas e inmunoglobulinas de calidad sigue siendo difícil o imposible por razones económicas, sociales y de política sanitaria en muchos entornos, por lo que la Organización Mundial de la Salud (OMS) estima que la enfermedad provoca 59.000 muertes al año dispersas en más de 150 países diferentes, con el 95 % de los casos en África y Asia. El 99 % de los casos de rabia están mediados por perros, y la carga de la enfermedad es soportada en gran proporción por las poblaciones rurales pobres, con cerca de la mitad de los casos atribuibles a niños menores de quince años.

En el año 2004, la adolescente estadounidense Jeanna Giese-Frassetto se convirtió en la primera persona documentada de la historia que ha superado la rabia sin necesidad de tratamiento convencional. La infección fue casual y rocambolesca. El 12 de septiembre de 2004, Jeanna y su madre asistieron a la misa dominical de la iglesia de San Patricio en Wisconsin. Durante la ceremonia, un pequeño y fervoroso murciélago decidió revolotear entre ventanales, realizando maniobras inverosímiles y picados intrépidos, que amenazaban con boicotear la homilía del párroco. Los feligreses, puestos a elegir, no queda claro si por unanimidad, apostaron por la continuidad del discurso del cura, y ante la ausencia de estacas y ristras de ajo, intentaron derribar al quiróptero con periódicos, sombreros y cualquier otro objeto cazavampiros improvisado. Un francotirador atinó en la diana, y el animal besó el suelo de la parte trasera del edificio. Jeanna no deseaba que el súbito alborotador fuera zapateado y convertido en puré, por lo que dirigió toda la atención hacia el camicace caído cogiéndolo por las puntas de las alas para transportarlo al exterior del templo, evitando que el murciélago estresado y asustado la mordiese o arañase durante el procedimiento. Con todo, la planificación quedó en agua de borrajas porque el murciélago, que no entendía inglés y desconocía las intenciones de Jeanna, evitó la tenaza mordiendo el dedo índice de la muchacha. Zafado y liberado el murcielaguito, y asistida la chica a chorro de desinfectante, el incidente quedó relegado a peripecia menor, ya que la congregación suponía que el mordisquillo no era amenaza para la lozanía de la afectada. Sin embargo, estaban equivocados.

En los Estados Unidos de América la mayoría de los casos de transmisión de rabia no tiene como protagonistas a los perros, sino a animales silvestres como mapaches, coyotes, zorros, mangostas y murciélagos. Tres semanas después del incidente, Jeanna comenzó a sentir cansancio inmenso y hormigueo en la mano izquierda que había masticado el murciélago. Días después apareció la doble visión y la pérdida de memoria. El servicio de pediatría del Hospital St. Agnes remitió a la muchacha al neurólogo, que realizó una tomografía computarizada y un análisis de sangre. Los síntomas empeoraron y Jeanna quedó ingresada. Los médicos evaluaron la presencia del virus del Nilo Occidental, de la meningitis o de la enfermedad de Lyme. Los resultados fueron negativos. Los vómitos y temblores aumentaron, y el cuerpo de Jeanna empezaba a mostrar signos de rigidez. Desconcertado, el 18 de octubre el pediatra interrogó a la madre sobre posibles acontecimientos inusuales en la vida de Jeanna durante las últimas semanas. En esa conversación surgió el percance del murciélago. De inmediato, Jeanna fue trasladada al Hospital de Niños de Milwaukee, donde los médicos tomaron muestras de cabello, piel y saliva para enviarlas al Centro para el Control y la Prevención de Enfermedades de Georgia (CDC). Los resultados confirmaron la presencia de la rabia. El virus se propaga desde la herida hasta los nervios, la médula espinal, el cerebro y las glándulas salivares para facilitar la transmisión. Lo más probable es que ya fuera tarde para Jeanna, pero el cerebro no parecía dañado físicamente. Durante varias semanas, un equipo de médicos liderados por el Dr. Rodney Willoughby indujo en la chica un coma farmacológico experimental a base de ketamina, midazolam, fenobarbital y medicamentos antivirales como la ribavirina y la amantadina. Cuatro meses después, la paciente recibió el alta. La enfermedad dejó algunas secuelas en Jeanna, pero consiguió ser la primera persona en sobrevivir a la rabia sin administración de la vacuna o del tratamiento profiláctico. El método utilizado fue llamado Protocolo de Milwaukee, y ha sido aplicado con poco éxito en otros pacientes. La rabia es un trastorno terrible y cada año unos diecisiete millones de personas reciben tratamiento después de la exposición a animales sospechosos de portar la enfermedad.

Recientes descubrimientos basados en epidemiología molecular evidencian que el origen de algunas cepas del virus de la rabia data de varios miles de años atrás. Además, la rabia es una enfermedad patognomónica, por lo que cuando están presentes las características clínicas, sintomatológicas y epidemiológicas es seguro que el sujeto padece el trastorno. Igual que ahora, desde hace siglos, los animales que con mayor incidencia han transmitido la rabia a los humanos han sido los cánidos. Este punto vincula la enfermedad con el mito del hombre lobo. Los primeros síntomas incluyen debilidad, malestar general y disfagia, acompañados de fiebre, dolor de cabeza y diversos trastornos neuropsiquiátricos que progresan hacia disfunción cerebral, agresividad, confusión, ansiedad, comportamiento agitado y que después evolucionan hasta experimentar hidrofobia, delirios, insomnio, alucinaciones y comportamiento anormal. Curiosamente, varios de los registros que mencionan la presencia de hombres lobo en países centroeuropeos coinciden en el tiempo con brotes de rabia en la población.

En 1271, al sur de Alemania central, ocurrió un gran brote de rabia provocado por lobos rabiosos que invadieron pueblos y aldeas atacando animales y humanos, y ocasionando al menos treinta fallecidos. En los siglos siguientes, la región estuvo caracterizada por graves epizootias en lobos y zorros, que propagaron la rabia a la población canina. En concreto, la enfermedad en los lobos fue muy temida debido a la ferocidad que mostraban los animales y a la tendencia que tenían a vagar por áreas extensas propagando la enfermedad y ocasionando numerosas víctimas humanas. En esa época vivió Peter Stumpp, agricultor alemán conocido como el hombre lobo de Bedburg, que estuvo acusado de canibalismo y de ser un hombre lobo. También en Hungría la rabia causó serios problemas desde tiempos medievales, y eran abundantes las instrucciones para curar la mordedura de animales rabiosos. Entre las habituales era popular la guarrada de enjuagar la herida con agua marina u orina y después realizar incisiones múltiples alrededor, que eran cubiertas con material inductor de pus como el polvo de insecto molido. En 1586 fueron informados varios brotes de rabia en perros en Flandes y, años después, el fisiólogo y médico belga Jean-Baptiste van Helmont mantuvo que la rabia humana podría ser transmitida simplemente a través del olor de los dientes de perros contagiados.

En el siglo xvi, el médico italiano Girolamo Fracastoro introdujo que las roturas en la piel ocasionadas por las mordeduras animales eran eventos esenciales para la aparición de la rabia, y en 1546 estableció que la enfermedad era común en Italia y Francia, siendo causada la mayoría de las veces por mordeduras de lobo. En 1576 el poeta inglés George Tuberville, que

El bacteriólogo francés Louis Pasteur, fotografiado por Paul Nadar en 1895.

de ordinario no gastaba mañas médicas, reportó un método experimental para diagnosticar la rabia canina. La idea debió sugerirla algún licor, porque consistía en colocar la rabadilla de un gallo sobre la mordedura, y si el perro causante del mordisco estaba rabioso, el ave hincharía las pechugas y lo que hiciera falta hasta morir. Según la mayoría de los historiadores, la rabia era rara en Francia antes de la Edad Media, pero hacia el año 900 fueron notificados numerosos casos de la enfermedad en perros y animales salvajes. Lo cierto, es que en Francia, como en la mayoría de los otros países europeos hasta el siglo XV, las personas que sufrían de rabia fueron considerados incurables y las autoridades acordaron que fueran ejecutados por estrangulamiento, derramamiento de sangre o asfixia. Los juicios a los supuestos hombres lobo surgieron en el siglo XV en cantones suizos como Valais o Vaud, y pronto desparramaron franquicias por toda Europa, siendo habituales durante los siglos XVI y XVII en numerosos países, y coincidiendo con brotes epidémicos de rabia. Existe amplia información sobre la epidemia de rabia canina que azotó Francia en el siglo XVII, y las crónicas del rey Enrique IV citan el caso de un hombre rabioso que el 30 de marzo de 1602 corrió por la plaza Maubert de París intentando atrapar a cualquier atolondrado que se pusiera a tiro, e incluso mordió a un perro y la cola de un burro. A finales del siglo XIX, Francia apechugó con la explosión exagerada de casos de rabia. El año 1878 suministró 500 casos de rabia canina solo en la ciudad de París, lo que conllevó a masacrar, en apenas dos meses, 4.000 perros de la capital francesa.

Ese mismo año, el bacteriólogo francés Louis Pasteur consiguió cultivar la bacteria *Pasteurella multocida*, comprobando que era el agente causal del cólera en aves. La enfermedad era responsable de epidemias devastadoras que afectaban a miles de pollos, embalados en gallineros, que morían por diarrea incontenible en menos de cuarenta y ocho horas. Pocos meses después, en 1879 Pasteur observó que los cultivos viejos de *Pasteurella* perdían virulencia, y cuando eran inoculados en pollos, las aves quedaban protegidas frente a cepas más agresivas. En febrero de 1880, Pasteur presentó estos resultados en la Academia de las Ciencias Francesa, en un memorándum titulado «Sobre enfermedades virulentas y particularmente en la enfermedad comúnmente llamada cólera de aves». Tras los experimentos, Pasteur acuñó el término vacunación, para nombrar la técnica desarrollada, consistente en debilitar de forma artificial a los patógenos para después inocularlos y crear inmunidad en el individuo tratado. La palabra vacunación honró a Edward Jenner y las primeras experiencias que realizó en 1796, inoculando la viruela bovina para prevenir la viruela humana. En 1881, Pasteur estuvo interesado en el ántrax e intentó atenuar la virulencia del patógeno con bicromato de potasio y sucesivos pases en ratones para desarrollar protocolos de vacunación. El 5 de mayo de 1881, en Pouilly-le-Fort, pequeño pueblo cercano a París, Pasteur inoculó el cultivo atenuado de ántrax en veinticuatro ovejas, una cabra y seis vacas. El 17 de mayo inyectó un cultivo virulento a los animales vacunados y a un grupo de animales control sin vacunar. El 31 de mayo los animales fueron inoculados con otro cultivo muy virulento. Del 2 al 3 de junio, todas las ovejas y las cabras del grupo de control murieron, y las vacas estaban muy enfermas. Por el contrario, todos los animales vacunados mostraban buena salud. El triunfo de Pasteur fue aclamado por la multitud y encumbrado por muchos reporteros. En 1882, 85.000 bovinos franceses fueron vacunados y en 1894 casi 3,4 millones de animales, reduciendo la mortalidad por ántrax en la ganadería francesa al 0,3 %. Poco después del triunfo, Pasteur fue requerido para analizar la epidemia desastrosa de erisipela porcina que zurraba Vaucluse, al sur de Francia. En marzo de 1883 identificó al culpable como la bacteria altamente virulenta que hoy denominamos *Erysipelothrix rhusiopathiae*. Pasteur diseñó la vacuna contra esta enfermedad por pasajes reiterativos a través de conejos. La vacuna atenuada fue ampliamente utilizada, y de 1886 a 1892 quedaron vacunados en Francia más de 100.000 cerdos. Sin embargo, la enfermedad que sacudía Francia sin contemplaciones y que seguía preocupando a Pasteur era la rabia. Después de los sucesos rabiosos de París, un veterinario francés que trabajaba en Lyon, llamado Pierre Galtier, demostró en 1879 que la rabia podía ser transmitida a los conejos por la saliva del perro. Pasteur, interesado en la información, comenzó a estudiar la rabia en 1880, logrando transmitir la enfermedad a conejos por inoculación intracerebral de extractos cerebrales. En 1884, Pasteur atenuó con éxito la virulencia del virus por pasajes de perros a monos, aumentando el tiempo de incubación para perros, conejos y conejillos de indias, y pensó usar la vacuna atenuada como terapia para estimular la respuesta inmune de los pacientes. En 1885, Louis Pasteur, ayudado por Emile Roux y otros colaboradores, diseñó un nuevo método para atenuar al virus que implicaba tomar pedazos de médula espinal de perros callejeros rabiosos e inocular el material por trepanación debajo de la duramadre del cráneo de conejos, para después hacer de veinte a veinticinco veces pasadas de conejo a conejo. A continuación, cuando el virus presentaba una consistencia virulenta, recuperaba pedazos de la médula espinal del conejo, cada uno de unos pocos centímetros de largo, y los exponía a aire seco durante quince días. La desecación disminuía la virulencia, hasta que desaparecía por completo. La gorrinada deshidratada obtenida fue inyectada en emulsiones diarias a unos cincuenta perros, que resultaron refractarios a la infección tras ser inoculados con material espinal rabioso virulento. Eran tiempos duros, y el miedo a la rabia era abrumador. Mary Cressac, sobrina de Emile Roux, contó que Pasteur y los otros colaboradores debían obtener el virus de perros rabiosos, y que fue muy comentado la ocasión en que el científico francés pipeteó directamente la saliva de las fauces de un bulldog rabioso, mientras dos asistentes enguantados sujetaban el perro. Por ello, algunos miembros del equipo establecieron un procedimiento por si ocurría un fallo en el arriesgado proceso. Según Mary Cressac, al principio de cada sesión un revólver cargado era emplazado en un lugar al alcance de todos los asistentes, y si algún terrible accidente acontecía y algún perro rabioso mordía a uno de ellos, el más valiente de los indemnes debía disparar una bala piadosa a la cabeza del contagiado.

Joseph Meister, primera persona de la historia en superar la rabia gracias a la vacunación, en 1885.

Los avances de Pasteur contra la rabia parecían prometedores, y el lunes 6 de julio de 1885 tres personas llegadas de Alsacia visitaron al científico. Agazapado entre los extraños acudió un niño de nueve años llamado Joseph Meister, que había sido mordido al menos 14 veces en manos, piernas y caderas por un perro rabioso a las 8.00 a.m. del 4 de julio. La muerte de Joseph por la rabia parecía inevitable. Pasteur era reacio a vacunar al niño, pues no era médico y desconocía las consecuencias que podía acarrear, pero era la única opción de supervivencia que tenía el infante. Pasteur, asistido por el doctor Vulpian y el doctor Grancher, de la Facultad de Medicina de la Universidad de París, comenzó el tratamiento el 7 de julio. Sesenta horas después del ataque, Joseph recibió doce inyecciones consecutivas de extractos de médula espinal de conejo infectado, que habían sido atenuadas por el procedimiento de desecación desde el 21 de junio. El 15 y 16 de julio, para comprobar el éxito del proceso, Pasteur expuso a Joseph a virus de la rabia virulentos y el niño sobrevivió. Joseph Meister fue la primera persona de la historia en superar la rabia gracias a la vacunación. Pocos meses después, en octubre de 1885, Jean-Baptiste Jupille, un pastor de quince años del Jura, la región del este de Francia conocida por albergar antiguos hombres lobo, fue mordido con severidad por un perro rabioso. Jean-Baptiste fue vacunado y también sobrevivió. En octubre de 1886, más de 2.490 pacientes fueron vacunados en el laboratorio Pasteur de París. El último caso de rabia autóctona en la Francia continental fue anunciado en 1924.

Después de la vacunación, la mortalidad debida a la rabia cayó al 0,5 %, y el triunfo universal alcanzado por la vacuna antirrábica contribuyó a la fundación del Instituto Pasteur el 4 de junio de 1888. Louis Pasteur inauguró el Instituto Pasteur el 14 de noviembre de 1888 y estableció tres objetivos que debía cumplir el nuevo centro, que consistían en ser un dispensario público para tratar la rabia, un centro de investigación para enfermedades infecciosas y un centro de enseñanza para estudios en microbiología. De inmediato, el instituto quedó erigido en referente de fama internacional por la

Estatua de bronce de Jean-Baptiste Jupille luchando contra un perro rabioso (sito en el jardín del Instituto Pasteur de París). La estatua es obra de Emile-Louis Truffot. Jupille, un joven pastor, fue la segunda persona inoculada por Louis Pasteur contra la rabia en julio de 1885, después del niño Joseph Meister. Tanto Jupille como Meister acabaron trabajando en el Instituto Pasteur.

dedicación al estudio de las enfermedades y las vacunas. Las vacunas contra la rabia, que fueron inicialmente producidas y enviadas a todo el mundo, consistían en tejido nervioso desecado, que fue utilizado como vacuna durante aproximadamente diez años, hasta que en 1895 fueron introducidas las vacunas derivadas de tejido nervioso inactivadas con ácido carbólico, seguidas de las vacunas de tejidos nerviosos inactivadas con fenol en 1915. Estas vacunas fueron usadas durante los siguientes cuarenta años, hasta mediados de la década de 1950, cuando el virus de la rabia inactivado derivado de cultivo de tejidos fue utilizado por primera vez para obtener una nueva vacuna contra la rabia.

La historia hace guiños cuando no miramos. En 1918 Joseph Meister consiguió el trabajo de vigilante del Instituto Pasteur de París, puesto que ocupó hasta el 16 de junio de 1940, fecha en la que falleció. Según la leyenda, Meister acabó con su vida de un disparo porque no pudo evitar la profanación nazi de la cripta de Louis Pasteur, su salvador. No obstante, la historia tiene tintes apócrifos y la realidad está recogida en el diario personal de Eugene Wollman, creador del Servicio de Bacteriófagos del Instituto Pasteur. Wollman escribió que Meister consumó el suicidio con gas y motivado por la fuerte depresión que mantenía al desconocer el destino de su esposa e hijos, huidos de París, al igual que millones de franceses, para no ser apresados por el ejército alemán. En esta ocasión, el destino fue burlesco y cruel porque en menos de veinticuatro horas después de la muerte por desesperación, la familia de Joseph Meister, desconocedores de la desgracia, regresaron a París para reencontrarse con él.

PARA LEER MÁS:

- Dalfardi, Behnam. (2014). Rabies in medieval Persian literature - the Canon of Avicenna (980-1037 AD). *Infectious Diseases of poverty* 3: 7.
- Dufour, Héloïse. (2013). Great myths die hard. *Nature* 502: 32-33.
- Keck, Paul. (1988). Lycanthropy: alive and well in the twentieth century. *Psychological Medicine* 18 (1): 113-120.
- Rappuoli, Rino. (2014). Inner Workings: 1885, the first rabies vaccination in humans. *PNAS* 111 (34): 12273.
- Troupin, Cécile. (2016). Large-Scale Phylogenomic Analysis Reveals the Complex Evolutionary History of Rabies Virus in Multiple Carnivore Hosts. *PLoS Pathogens* 12 (12): e1006041
- Velasco-Villa, Andrés. (2017). The history of rabies in the Western Hemisphere. *Antiviral Research* 146: 221-232.

Gigantes en Irlanda

El joven Edward Gilbert Abbott estaba muy pálido. Al fin y al cabo, la tuberculosis hacía tiempo que decoloraba la salud del muchacho. Parecía que el otoño llegaba con prisa a la vida de Edward, pero en la ciudad era diferente, estaba amodorrado, sin prestar atención a las hojas burlonas y desafiantes que seguían aferradas a las ramas de los árboles haciendo piruetas con el viento de octubre. Edward madrugó aquel lunes, era el 16 de octubre de 1846, y antes de abandonar el catre hacia rato que peleaba, vuelta aquí y giró allá, con los nervios. Tras desayunar poca cosa y desplazar varias veces la congoja de la garganta al estómago, como si estuviera hecha con alambre de muelle, caminó hasta el Hospital General de Massachusetts. Estaba citado con el dentista William Thomas Green Morton, pero no por tema de muelas. Morton esperaba en el Ether Dome, acompañado de médicos y estudiantes de medicina. Consumidas las formalidades previas, los saludos y los consejos, Morton ofreció a Edward un globo de vidrio con dos tubos, válvulas, aletas y resortes. El interior del artefacto contenía éter dietílico. Morton colocó la boquilla en los labios trémulos del señor Abbott, y Edward, con la suerte ya echada, aspiró. El chute reblandeció la realidad del tuberculoso, y el sueño, que llegó en tres o cuatro minutos, roció de vaporosa tranquilidad la sala. Morton, absorbido por la escena, dirigió al fin la atención al cirujano de Boston John Collins Warren, y confirmó que el paciente estaba preparado. El doctor Warren blandió bisturí y maña para practicar certera incisión en el cuello de Edward Abbott. La raja

Retrato del escritor irlandés Oscar Wilde, realizado por
el fotógrafo canadiense Napoleon Sarony.

abrió el espacio suficiente para desahuciar a patadas el tumor superficial congénito que medraba bajo el maxilar inferior izquierdo de Edward. El paciente, conforme y ausente, no gritó. Sorprendido, el cirujano Warren anunció que aquello no era ninguna tontería. Este suceso es considerado el momento en el que nació la anestesiología moderna.

Ocho otoños más tarde, también un lunes 16 de octubre, nació en Dublín el poeta, dramaturgo y novelista Oscar Wilde. En ese momento, Irlanda era manejada por Gran Bretaña y los padres de Oscar, alejados de la mayoritaria población católica, engrosaban las filas de la reducida clase alta protestante irlandesa. Este aspecto condicionó la educación del pipiolo Oscar, porque los progenitores, el distinguido médico William Wilde y la escritora y poeta Jane Francesca Elgee, conocida anfitriona literaria de la ciudad, matricularon al vástago en el Portora Royal School de Enniskillen, escuela pública vacunada de católicos y fundada por James I, mediante la Real Carta de 1608.

Jane Francesca Elgee atendía a los alias de Lady Jane Wilde o Speranza, y luchó con uñas, dientes e intelecto por el independentismo irlandés. También guardó interés especial en ayudar a reunir los cuentos populares irlandeses. En todo caso, el resplandor de la madre influyó en el hijo. Varias historias folclóricas de Irlanda están relacionadas con gigantes, y algunas intentan explicar cómo estos seres crearon grandiosos paisajes naturales irlandeses, entre ellos la Calzada de los gigantes.

La Calzada de los gigantes contiene 40.000 espectaculares columnas de basalto entrelazadas, la mayoría hexagonales, que logran superar los doce metros de altura. La extensa formación está situada en la costa norte de Irlanda del Norte, en el condado de Antrim, a unos cinco kilómetros de la ciudad de Bushmills, y fue declarada Patrimonio de la Humanidad por la UNESCO en 1986. Según la leyenda popular, las columnas son restos de la calzada construida por un gigante irlandés desafiado por otro gigante escocés. La naturaleza, ante este ejemplo, impresionante sin duda, envida a grande, chica, pares y juego, explicando que los maravillosos basaltos, surgidos por el enfriamiento y la cristalización de magma a 890° C, formaron parte de una gran meseta volcánica modelada durante el Paleoceno.

Superada la etapa en Portora Royal School, Wilde ingresó en el Trinity College de Dublín y después en la Universidad de Oxford, donde estuvo asociado a la filosofía emergente del esteticismo. En Oxford, Wilde comenzó a escribir poesía y obras de teatro, aunque las dos primeras, *Vera* y *La duquesa de Padua*, no alcanzaron notoriedad. En aquella época, Wilde, populachero y estético, era estimado por las reflexiones y artículos sobre moda que escribía y por las conferencias impartidas en Irlanda, Gran Bretaña y los Estados Unidos de América, en las que proveía de instrucciones para aplicar gusto en la decoración de las viviendas. Después de la graduación en el Magdalen College de Oxford, Wilde cortejó sin éxito a la irlandesa Florence Balcome, compañera sentimental del novelista irlandés Bram Stoker, autor en 1897 de la novela *Drácula*. El romance cuajó entre Stoker y Florence, que además de esposa, administró el legado literario del escritor. Contrariado por el rechazo, Wilde regresó a Dublín y en 1884 propuso casamiento a Constance Lloyd. La pareja tuvo dos hijos, en 1885 y 1886. Al cabo de un tiempo, Constance sufrió trastornos neurológicos limitantes que poco a poco deterioraron la presencia y los movimientos de la mujer. En 1896, un médico de Heidelberg recetó a Constance varios tratamientos disparatados entre los que aparecía incluida la aplicación de electricidad. De acuerdo con la correspondencia no publicada de Constance y su hermano, la enfermedad estuvo caracterizada por dolores generalizados, debilidad en la pierna derecha, temblor del brazo derecho, fatiga profunda y parálisis facial izquierda. El posible diagnóstico actual para la dolencia sería esclerosis múltiple del tipo recurrente-remitente, que evolucionó a esclerosis múltiple progresiva. En 1898, motivada por la disfunción genitourinaria que padecía, Constance contactó con el reconocido obstetra y ginecólogo Luigi Maria Bossi. La esclerosis múltiple está asociada a síntomas genitourinarios en dos tercios de las pacientes femeninas, pero en aquel momento este hecho era desconocido, y Bossi atribuyó la dolencia a un fibroma uterino que, según el médico, también era responsable de comprimir los nervios del muslo y provocar debilidad en la pierna. En primer lugar, Bossi adoptó el tratamiento conservador que consistía en insertar un pesario vaginal y prescribir loción antiséptica de creosota para ser aplicada en el área perineal. La barbaridad no funcionó, y Bossi recomendó la cirugía, opción peligrosa que suponía riesgo grave para la paciente. Desesperada, Constance aceptó. La operación tuvo lugar el 2 de abril de 1889. Bossi extirpó el tumor por miomectomía. Al tercer día postoperatorio Constance presentó vómitos incontrolables, deshidratación y debilidad progresiva, hasta caer en la inconsciencia y morir el 7 de abril de 1898. La secuencia de eventos sugiere que Constance desarrolló íleo paralítico severo como resultado de la cirugía o bien sepsis intraabdominal secundaria. Antes de morir Constance, el matrimonio con Oscar Wilde estuvo salpimentado de éxitos y de escándalos o de polvo y brillo, que a veces es difícil encontrar la diferencia.

Al principio, durante los dos primeros años maritales, Wilde editó una revista social victoriana para mujeres denominada *The Woman's World.* La actividad duró lo justo, porque desde 1888 el interés por la moda quedó extinto y empleó todo el tiempo en doblegar frases con las que construir, no sin esfuerzo, alhajas literarias. Así, redactó dos libros de hadas con historias para la prole, *El príncipe feliz* y *Una casa de granadas.* Luego, todas las mañanas y las tardes, pensó y escribió hasta completar el libro de cuentos titulado *El crimen de Lord Arthur Savile.* Avanzada la carrera literata, publicó, roto el hielo y calentada la tinta, *El retrato de Dorian Gray,* novela cumbre del terror gótico que discurre enredada en la temática faustiana. El relato cuenta la historia de Dorian Gray, apuesto joven en búsqueda egoísta de placer lujurioso, que cuando es retratado por su amigo artista Basil Hallward queda encandilado con el resultado. Deseando permanecer siempre joven y encantador como en la pintura, Dorian cede a vender su alma para conservar la apariencia hermosa y juvenil, mientras que la figura del retrato es trans-

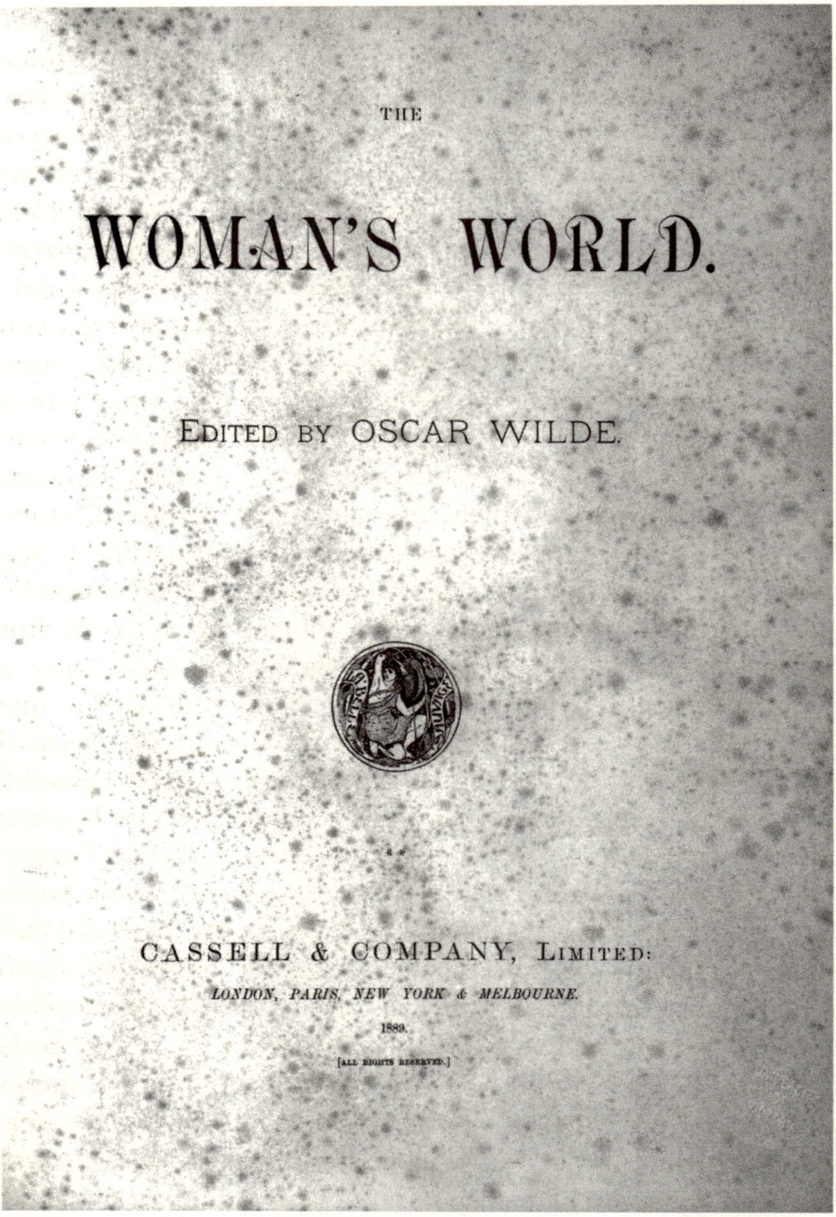

THE

WOMAN'S WORLD.

EDITED BY OSCAR WILDE.

CASSELL & COMPANY, LIMITED:

LONDON, PARIS, NEW YORK & MELBOURNE.

1889.

[ALL RIGHTS RESERVED.]

Portadilla de la revista periódica *Woman's World*, Vol. 2, editada en 1889 por Wilde y publicada en Londres por Cassell and Co.

formada en una silueta desagradable, fea y vieja por el comportamiento corrupto e inmoral del personaje. Oscar Wilde captó a la perfección el tema de la vanidad y la enajenación, e imprimió evidente contenido implícito homosexual en la obra, que fue valorada inmoral por la puritana sociedad victoriana de la época. La homosexualidad era considerada antinatural y constituía delito grave punible con la cárcel. De hecho, el propio Wilde claudicó sentenciado por delitos homosexuales. Es cierto que este discurso no casa con el matrimonio entre Wilde y Constance Lloyd, pero, puestos a elegir, el novelista prefería cultivar y disfrutar las relaciones homosexuales. Wilde mantuvo un compañero cercano, de los presentados como amigos del alma, llamado lord Alfred Douglas o Bosie para los allegados. John Sholto Douglas, 9° marqués de Queensberry y padre de Bosie, desaprobó la relación y enojado hizo públicas varias declaraciones que comprometían a Wilde e identificaban al escritor como homosexual. Aunque la proclama era cierta, no era beneficiosa para la reputación pública de Wilde, por lo que alentado por Bosie, que odiaba al padre acusica, denunció al marqués de Queensberry por difamación. El asunto fue mal, torcido desde el principio, y pronto quedó claro en la corte que Oscar Wilde perdería y que sería arrestado por mantener relaciones homosexuales. En mayo de 1895, Wilde percibió dos años de trabajos forzados. Tres meses antes del castigo penal, el 14 de febrero de 1895, Wilde había estrenado en el St. James' Theatre londinense la comedia *La importancia de llamarse Ernesto*. La obra es considerada la cúspide de la trayectoria del escritor. En noviembre de 1895, pocos meses después de probar el sabor de la cárcel, todavía con la comedia en cartel, las inquietudes mantenidas por el Ministerio del Interior sobre la decrépita salud física y mental del escritor motivaron el traslado de Wilde. Expulsado de la prisión de Wandsworth, Oscar Wilde fue transferido a la prisión de Reading hasta que consiguió la libertad en 1897. Al poco de la excarcelación, desde el exilio en Berneval-le-Grand, Wilde evocó la desesperación, la angustia y la crisis mental percibida por el horror de las experiencias vividas en prisión. El resultado cristalizó en el poema *The Ballad of Reading Gaol* (*La balada de la prisión de Reading*). Semanas más tarde, en 1898, Oscar Wilde afirmó que la letra griega que solía escanciar con la pluma había desaparecido para quedar convertida en un garabato incapacitado. El autor, destrozado por los nervios y perturbado al igual que el personaje de Dorian Gray, comenzaba a estar despedazado. El 25 de noviembre de 1900, los doctores Tucker y Claisse confirmaron que Wilde acusaba inflamación cerebral causada por una infección. La enfermedad había colocado al escritor en la parrilla de salida de una situación maloliente. El 27 de noviembre los síntomas crecieron. El diagnóstico empeoró hasta quedar establecido en meningitis encefálica. La intervención médica era imposible y la trepanación no fue contemplada. El 30 de noviembre, consecuencia de la meningitis, Oscar Wilde murió a los cuarenta y seis años en la habitación 16 del Hôtel d'Alsace, ubicado en el número 13 de la rue des Beaux Arts de París. En 1931, el médico escocés John Comrie informó en la obra *The News Chronicle Home Doctor*, que el primer síntoma de la sífilis terciaria era la degeneración exagerada de la escritura manual. Según Robert Sherard, amigo íntimo de Wilde, el escritor sabía que era sifilítico. La correspondencia de Wilde con Sherard, Reggie Turner, Robbie Ross y Frank Harris revela que todos ellos conocían el secreto. Es probable que Wilde pillase la sífilis de la vieja Jesse, la misma prostituta de Oxford que contagió la sífilis a lord Randolph Churchill, padre del futuro primer ministro Winston Churchill. George Francis Miles, compañero de habitación de Oscar Wilde en Oxford y eventual pareja sexual del escritor, falleció de sífilis en 1891. Antes de eso, Miles presentó a Wilde a la actriz Lillie Langtry y a su amigo y mecenas lord Ronald Charles Sutherland-Leveson-Gower. Wilde escogió a lord Ronald como modelo para el personaje de lord Henry Wotton, de la novela *El retrato de Dorian Gray*.

La sífilis es una enfermedad de transmisión sexual originada por la bacteria *Treponema pallidum*. Entre el 15 % y el 30 % de las personas infectadas de sífilis que no reciben tratamiento desarrollan complicaciones conocidas como sífilis terciaria, que representa la etapa tardía de la enfermedad y puede dañar multitud de órganos, en especial el cerebro. Estos problemas, si el paciente no es medicado, pueden acaecer muchos años después de la infección original. Así, *El retrato de Dorian Gray* parece ser la historia paralela a la vida de Oscar Wilde, donde la enfermedad y el deseo sexual destruyeron la salud del escritor, pero sin evidenciar signos exteriores del desmoronamiento del autor.

El legado de Oscar Wilde es excelso y diverso. En la trayectoria del autor no podían faltar guiños raciales a las leyendas irlandesas que escuchó desde la niñez. Así, en la obra *El príncipe feliz y otros cuentos*, publicada en 1888, el escritor incluyó un cuento de hadas titulado «El gigante egoísta».

La prevalencia de los gigantes en la mitología irlandesa está apoyada en literatura médica que contiene evidencias históricas y facultativas de numerosas descripciones de gigantes irlandeses, hombres y mujeres que exhibieron tallas desmesuradas para la época en la que vivieron. Los ejemplos son variopintos y algunos incluso sobresalientes. Es el caso de Patrick Murphy, gigante irlandés de 222 centímetros nacido en 1834 en el condado de Down. En 1857 Murphy recibió la invitación de Francisco José I de Austria, emperador de Austria, y de Isabel Amalia Eugenia de Baviera, emperatriz consorte de Austria y conocida como Sissi emperatriz, para que visitara Austria y exhibiera su formidable aspecto en el reino. Desde entonces realizó giras por Europa hasta que a los veintiocho años murió de viruela en Marsella. Otro ejemplo fue Cornelius Magrath, gigante irlandés de 226 centímetros nacido en Tipperary en 1736, que realizó exhibiciones por Europa y que falleció a los veinticuatro años. El cadáver de Magrath fue robado, diseccionado y los huesos preservados. El esqueleto está conservado en el Trinity College, y según varios autores presenta signos de acromegalia.

El término de acromegalia fue acuñado en 1886 por el neurólogo francés Pierre Marie, que lo vinculó a un cuadro clínico caracterizado por presentar hipertrofia de manos, pies y rostro. Al principio la acromegalia y el gigantismo eran considerados dos trastornos diferentes, ya que el gigantismo

Cartel promocional de la película de Disney *Mi amigo el gigante* (*The BFG*).

era valorado como una variante exagerada del desarrollo normal y la acromegalia era estimada como condición patológica. En 1891, el médico escocés Daniel John Cunningham, después de estudiar el esqueleto de Cornelius Magrath, señaló la conexión entre la acromegalia y el gigantismo.

La acromegalia, por lo general, afecta a personas adultas de edad media, pero puede manifestarse en cualquier edad. La enfermedad aparece por un desorden hormonal provocado cuando la glándula pituitaria produce gran cantidad de hormona del crecimiento. Las hormonas pituitarias están involucradas en la regulación fisiológica esquelética y son producidas por una pequeña glándula denominada hipófisis (glándula pituitaria), que está situada en la base del cerebro, detrás del puente de la nariz. La hormona de crecimiento producida por la hipófisis es secretada al flujo sanguíneo, y la sangre la transporta provocando que el hígado produzca factor de crecimiento tipo insulínico I (IGF-I), que estimula el crecimiento de los huesos y de los tejidos. Si acontece la producción excesiva de hormona del crecimiento también puede sobrevenir una cantidad desmesurada de IGF-I, causando crecimiento anormal y desproporcionado de los huesos y de los tejidos blandos, y provocando los signos característicos de la acromegalia y el gigantismo. El motivo principal y más probable de producir en exceso hormona de crecimiento es la presencia de tumores hipofisarios y no hipofisarios. En general, la mayoría de los casos de acromegalia son causados por adenomas benignos en la hipófisis. La evolución de la enfermedad puede originar agravamiento en la salud, ya que la acromegalia está asociada a diabetes mellitus, enfermedades cardiovasculares, hipertensión, artrosis, bocio, apnea del sueño, síndrome del túnel carpiano, pérdida de visión, aparición de pólipos en la pared del colon y comprensión de la médula espinal, por lo que el tratamiento temprano puede prevenir estas complicaciones y evitar la muerte prematura. Normalmente, el paciente que sufre acromegalia soporta una transformación física que incluye aumento de estatura; agrandamiento de manos y pies; engrosamiento de labios; alteración de los ras-

Lewis Wilkins, el gigante de Minnesota.

gos faciales; agigantamiento de la frente y de la mandíbula; espaciamiento de los dientes; y sudoración excesiva. Es decir, queda convertido en un auténtico gigante de cuento.

El tratamiento de la patología puede acarrear diferentes escenarios que contemplan desde la cirugía, si es provocada por tumores pituitarios que deben ser extirpados, a la irradiación de la hipófisis, si el paciente no es candidato a cirugía o a la administración de fármacos análogos a la somatostatina, agonistas de la dopamina y antagonistas de los receptores de la hormona del crecimiento.

A principios del siglo XX, el origen de la acromegalia y la relación con el gigantismo era conocida, por lo que existen numerosos informes de patólogos y antropólogos sobre pacientes acromegálicos famosos. Ante todo, la lucha entre la enfermedad y la fantasía era despiadada. Muchos parecían salidos de cuentos de hadas o de ogros. Lewis Wilkins, gigante estadounidense nacido en Minnesota en 1902, alcanzó la estatura de 226 centímetros. Lewis mostraba hipertrofia facial y asimetría izquierda. Murió a los veintiocho años de colitis ulcerosa acompañada de bronconeumonía. La autopsia de Wilkins, realizada por el profesor Hektoen y los doctores Bassoe y Loeb en el Hospital Presbiteriano de Chicago, reveló un tumor sarcomatoso con extensión al área pituitaria.

Fiódor Majnov fue conocido como El gigante de Rusia. Nació en 1878 en la aldea de Kustiaki en Vítebsk, actual Bielorrusia. Fiódor murió de tuberculosis, pero antes creció hasta los 238 centímetros y portó una medida de pie que llegó a alcanzar los 370 milímetros. Para poder atisbar la proporción, es apropiado recordar que Shaquille O´Neal es el jugador de baloncesto con el pie más grande de la historia de la NBA. Shaquille mide 216 centímetros, calza un número 58 y la longitud del pie no supera los 360 milímetros.

Los hermanos Hugo, conocidos en Francia como Les Geants des Alpes (Los gigantes de los Alpes) fueron los primeros pacientes con acromegalia familiar descritos en la literatura. Baptiste Hugo alcanzó 230 centímetros de altura y un peso de 201 kilogramos. El hermano menor, llamado

Fotografía de Anna Haining Bates, la tercera mujer más alta de la historia. Anna Haining llegó a medir 227 centímetros y trabajó en los espectáculos de rarezas de P. T. Barnum. El 17 de junio de 1871 contrajo matrimonio con Martin Van Buren Bates, que medía 220 centímetros y era conocido como el Gigante de Kentucky. (TCS 21. Houghton Library, Harvard University).

Paolo Antonio, medía 225 centímetros. Baptiste trabajó en el Barnum & Bailey Circus, y el 22 de abril de 1916, enrolado en la gira estadounidense del espectáculo circense de P. T. Barnum, ingresó en el hospital William Parker de Nueva York con el diagnóstico de difteria. Baptiste murió al día siguiente, en la autopsia el forense anotó que el cadáver medía 259 centímetros, mucho más de lo mencionado en el currículo del gigante francés. Además, el informe médico describió atrofia testicular, micropene y escaso vello púbico, facial y axilar, como características del hipogonadismo. El forense encontró osteoporosis de los huesos del cráneo, y describió características acromegálicas claras que incluían protuberancia frontal, prognatismo y gran tamaño de ambas manos, así como de la mayoría de los órganos internos. La autopsia reveló un adenoma pituitario que medía 50 milímetros por 25 por 23, más o menos como una pelota de ping-pong aplastada. El adenoma pesaba 5,94 gramos y comprimía ambos nervios ópticos. El médico también halló otro adenoma quístico en el tiroides y las glándulas suprarrenales atrofiadas.

Frederic John Kempster nació en Londres en 1889 y fue conocido en Inglaterra como El gigante de Blackburn o El gigante gentil de Essex. Frederic midió 256 centímetros y calzaba una descomunal talla de zapatos, porque la longitud del pie, que parecían esquís, alcanzó los 410 milímetros. El caso de Frederic fue estudiado por el doctor Gigon, que afirmó la constancia de típicas características acromegálicas, incluidas el prognatismo y la nariz, la lengua y las manos grandes. Frederic tenía cifoscoliosis, osteoporosis, signos de hipogonadismo y la pierna izquierda más corta que la derecha, pero aun así en 1910 viajó a Alemania para trabajar en vodeviles, y después trabajó en el Astley and Co.'s American Circus como gigante profesional. En 1914, con el inicio de la Primera Guerra Mundial, fue apresado por los alemanes como prisionero de guerra, y al poco cayó enfermo siendo hospitalizado hasta ser liberado en 1916. Una vez libre, volvió sin salud a Inglaterra y poco después murió afectado por la gripe de 1918.

Édouard Beaupré fotografiado en 1901, acompañado de un hombre y un niño.

La persona más alta de la historia de Canadá fue Édouard Beaupré, que nació el 9 de enero de 1881 en Willow Bunch, Saskatchewan. Édouard alcanzó la altura de 252 centímetros, que adornó con el nombre artístico de El gigante de Willow Bunch. Beaupré recorrió el circuito canadiense y estadounidense trabajando en espectáculos de rarezas, circos y ferias en los que mostraba la fuerza que poseía levantando sobre los hombros caballos que pesaban 400 kilogramos. El 3 de julio de 1904 Édouard Beaupré murió por una hemorragia pulmonar, consecuencia de la tuberculosis que padecía, mientras trabajaba en la Feria Mundial de St. Louis en Missouri. La familia pobre de Édouard no pudo costear los gastos de las exequias, y el avaricioso representante Aimé Bardard no quiso pagar el transporte del cuerpo ni el funeral, por lo que el cadáver fue embalsamado y exhibido en St. Louis previo pago de entrada. Después, el cuerpo también quedó expuesto en el Museo del Edén de la ciudad canadiense de Montreal, y desde 1907 pasó a engrosar la colección del departamento de anatomía de la Universidad de Montreal.

De todos lados aparecían gigantes, pero el estadounidense Robert Pershing Wadlow ha sido el ser humano más alto conocido. Robert medía 272 centímetros y nació en 1918 en Alton, Illinois, así es que por ello era conocido como El gigante de Alton. Robert gastó crecimiento continuo desde el día en el que nació hasta la fecha en la que falleció con tan solo veintidós años. El gigante presentaba una hiperplasia en la glándula pituitaria que provocaba la producción anormalmente alta de hormona del crecimiento. En vida, Robert tocó techo con la cabeza y con la fama, por el trabajo que desempeñó en el circo de los Ringling Brothers. El espectáculo procuró prestigio mundial a Robert Pershing y la posibilidad de realizar giras promocionales con la International Show Company, que accedió a fabricar gratis los zapatos a medida de El gigante de Alton. Más que pies, los de Robert eran transbordadores, izquierdo y derecho medían cuarenta y siete centímetros por planta, la mayor longitud de la historia registrada, y el coste de los zapatos singulares que calzaba rondaría en la actualidad los 1.500 euros.

Robert Pershing Wadlow, el ser humano más alto conocido, y su padre.

A pesar de los ejemplos y de la cantidad de centímetros, quizás el gigante más famoso que ha pasado a la posteridad, con permiso de Goliat y en contra de la voluntad del susodicho, sea Charles Byrne, irlandés nacido en 1761 en el condado de Londonderry, en Irlanda del Norte. Byrne medía 234 centímetros, que no era mucho comparado con una farola, pero que para la época era más que suficiente para ser exhibido en ferias y mercados locales y recaudar monedas libres de impuestos. Byrne fue bautizado por el pueblo como El gigante irlandés. En 1782, Charles Byrne adoptó el nombre de O´Brien, y comenzó a entretener al público londinense atrayendo cada vez a más audiencia y ganando mayores sumas de dinero. Los rumores que aseguraban el éxito financiero de Byrne inspiraron a otros gigantes irlandeses que tentaron suerte en Londres. La historia, como suele pasar de cuando en cuando, fue repetida por los Hermanos Gemelos Gigantes Knipe, oriundos de un pueblo cercano al de Charles Byrne, que arribaron a la capital inglesa asegurando que eran primos de El gigante irlandés. La afirmación, desollada y limpia de matices, debía de ser cierta. Otro irlandés gigante de 246 centímetros, de nombre Patrick Cotter y nacido en 1760 en Kinsale, en el condado irlandés de Cork, también eligió O´Brien de nombre artístico, pero fue conocido como El gigante de Bristol.

Entrado el año 1783, las gentes de Londres estaban empachadas de gigantes y, por ende, de Charles Byrne. El público, siempre soberano y voluble, comenzó a frecuentar espectáculos diferentes, horadando la fama, las finanzas y la estima de El gigante irlandés. Byrne, sin más trabajo que la holgazanería, buscó refugio en escaramuzas taberneras impregnadas en alcohol. Por desgracia, un mal día de excesos bodegueros quedó despojado de los ahorros que siempre portaba consigo. En menos de un año Byrne quedó arruinado, enfermo de alcoholismo y acompañado por una tuberculosis traicionera que buscó cobijo en los pulmones del gigante. En mayo de 1783, Charles Byrne tomó consciencia de que era un hombre moribundo. Por extraño que parezca, la muerte no inquietaba a Byrne, y el mayor desasosiego del gigante estaba

Fotografía del elenco principal de *La Familia Addams*, exitosa serie televisiva estrenada en 1964. El personaje del mayordomo fue encarnado por el actor Ted Cassidy, que sufría de acromegalia.

dirigido a los médicos carroñeros interesados en obtener su cuerpo para diseccionar con ansia el cadáver. Sin duda, entre los buitres destacaba el anatomista y cirujano escocés John Hunter, considerado el padrino de la cirugía moderna. Byrne tomó precauciones al respecto y ordenó que cuando muriera su cuerpo debía de ser depositado en un ataúd de plomo sellado y custodiado día y noche por amigos leales, que hundirían el féretro en el fondo del mar. Para intentar asegurar la maniobra, Byrne gastó el escuálido capital que sobrevivía al licor, en prepagar a un empresario de pompas fúnebres, adiestrado para acometer esta última voluntad. Mientras tanto, el sibilino doctor Hunter contrató a un detective para vigilar el estado de salud, así como el paradero y los movimientos de Byrne, lo cual, teniendo en cuenta el tamaño y el aliento del gigante alcohólico, no debía ser complicado.

La estratagema detectivesca duró escasas semanas, porque Charles Byrne falleció el 1 de junio de 1783, tenía veintidós años. Los amigos, compungidos y dispuestos, obtuvieron el mencionado ataúd de gran tamaño y vigilaron el cadáver durante cuatro días en los que exhibieron la enorme caja por dinero a los curiosos. El 6 de junio de 1783, finalizado el velorio y el sacacuartos, los amigotes emprendieron viaje hasta la inglesa ciudad costera de Margate; 120 kilómetros con el gigante metido en un cajón, el papelón era de aúpa. Una vez llegaron, insultaron, maldijeron, escupieron y por fin arribaron la carga. Con las pocas ganas que todavía merodeaban por la correría, alquilaron un barco, navegaron lejos de la costa y hundieron el pesado féretro en el mar, pero el cuerpo de Byrne ya no estaba en el interior.

Los detalles precisos de como John Hunter obtuvo el cadáver de Byrne son desconocidos. El relato más verosímil es que Hunter realizó una maniobra trilera pensada desde que recibió la noticia de la muerte de Byrne, y localizó la funeraria contratada para ejecutar la voluntad del gigante. Circunscrita la empresa fúnebre, con poco esfuerzo sobornó con 500 libras a los trabajadores, que aprovecharon una parada en la ruta hacia el océano para dar el cambiazo del difunto por piedras contundentes. El cadáver de Charles Byrne regresó a Londres y fue entregado al doctor John Hunter, que temeroso del escrutinio público y de las posibles represalias de los camaradas del gigante, ocultó el esqueleto durante cuatro años.

La osamenta de Byrne quedó postergada al olvido hasta que en 1909 despertó el interés del médico estadounidense Harvey Williams Cushing, padre de la neurocirugía. Cushing examinó el cráneo de Byrne y diagnosticó un tumor en la pituitaria. Hunter pudo haber sido el primero en describir la relación entre el agrandamiento de la hipófisis y la acromegalia o gigantismo, pero como dijo Cushing, la pasión coleccionista del buitre excedió a la sed de conocimiento. Las imágenes radiográficas de los huesos de la muñeca de Byrne muestran que las líneas epifisarias distales todavía están abiertas y, en 1980, los doctores Alexander Landolt y Milo Zachmann estimaron que, en el momento de la muerte, la edad ósea de Charles Byrne era solo de diecisiete años. Esto indica que cuando Charles falleció sufría hipogonadismo y todavía estaba creciendo.

En el año 2010, un grupo de investigadores del Departamento de Endocrinología de la Facultad de Medicina de la Universidad Queen Mary de Londres extrajeron ADN de un diente de Charles Byrne, e identificaron la mutación conocida como FIPA (Adenomas Hipofisarios Familiares Aislados), que está relacionada con el desarrollo de tumores en la hipófisis. Poco después, un ambicioso estudio en Irlanda del Norte y en la República de Irlanda, que involucró a la Escuela de Medicina y Odontología de Londres y a la Universidad Queen Mary de Londres, en colaboración con las universidades de Exeter, Belfast y Dublín y el University College de Londres, así como otras diecisiete instituciones, analizó muestras de ADN de pacientes con acromegalia comparándolas con muestras genéticas de público general, con la intención de identificar a los portadores del gen que predispone a la acromegalia. Las mutaciones del gen AIP (aryl hydrocarbon receptor-interacting protein) pueden justificar el 15 % de las familias con FIPA (el 50 % de acromegalia familiar). Los resultados encontraron que la frecuencia de la mutación AIP (R304 *), la misma que presentaba Charles Byrne, era sorprendentemente alta en el distrito de Mid Úlster, en Irlanda del Norte, y los datos sugieren que todos los pacientes irlandeses con estas mutaciones particulares (dieciocho familias y ochenta y un portadores) son descendientes del mismo antepasado nacido entre cincuenta y siete y sesenta y seis generaciones anteriores y que vivió en el área hace 2.500 años. Además, hay datos disponibles de numerosos gigantes que habitaron en la zona como Mary Murphy, La gigante de Portrush, o James Kirkland, uno de los gigantes de Potsdam.

Desde luego, este estudio permite ofrecer una explicación científica al incipiente mito gaélico de los gigantes en Irlanda y apoyar la afirmación mencionada por el antropólogo pionero James Prichard en 1826, cuando aseguró que en Irlanda a menudo son divisados hombres de estatura poco común, incluso gigantesca, que debe estar motivada por alguna peculiaridad que desencadena el fenómeno.

En la actualidad, el esqueleto de Charles Byrne permanece expuesto en la Colección Hunteriana del Royal College of Surgeons of England, quizás algún día la última voluntad del gigante irlandés sea respetada y los restos óseos reposen por fin hundidos en el fondo del océano.

🕮 PARA LEER MÁS:

- Bradley, Lisa. (2011). Giants of the British Isles. *Ulster Medical Journal* 80 (1): 31-32.
- Chahal, Harvinder. (2011). AIP mutation in pituitary adenomas in the 18th century and today. *The New England Journal of Medicine* 364: 43-50.
- Herder, Wouter de. (2016). The History of Acromegaly. *Neuroendocrinology* 103: 7-17.
- Lamur, Anthony. (2018). Disclosing the temperature of columnar jointing in lavas. *Nature Communications* 9: 1432.
- Marland Hilary. (2019). «Close confinement tells very much upon a man»: Prison Memoirs, Insanity and the Late Nineteenth- and Early Twentieth-Century Prison. *Journal of the History of Medicine and Allied Sciences* 74 (3): 267-291.
- Radian, Serban. (2017). Increased Population Risk of AIP-Related Acromegaly and Gigantism in Ireland. *Human Mutation* 38 (1): 78-85.
- Webb, Susan. (2016). Quality of Life in Acromegaly. *Neuroendocrinology* 103: 106-111.

Este libro se terminó de imprimir el 12 de febrero de 2020, día en que se conmemora el nacimiento del naturalista inglés Charles Darwin, padre de la teoría de la evolución humana, y en todo el mundo se celebra el Día Darwin para resaltar su contribución a la ciencia, así como para promover la práctica de la ciencia en general.